陈鹏飞◎著

最好的人生不拖拉

Procrastination

北京航空航天大学出版社
BEIHANG UNIVERSITY PRESS

图书在版编目（CIP）数据

最好的人生不拖拉 / 陈鹏飞著 . -- 北京：北京航空航天大学出版社，2012.11

ISBN 978-7-5124-0980-4

Ⅰ . ①最… Ⅱ . ①陈… Ⅲ . ①成功心理 - 通俗读物 Ⅳ . ① B848.4-49

中国版本图书馆 CIP 数据核字（2012）第 237452 号

原著作名：《吞掉那只蟑螂》

作　者：陈鹏飞

北京市版权局著作权合同登记号图字：01-2012-3823 号

最好的人生不拖拉

陈鹏飞　著

责任编辑　王　律

*

北京航空航天大学出版社出版发行

北京市海淀区学院路 37 号（邮编 100191）　http://www.buaapress.com.cn

发行部电话：（010）82317024　传真：（010）82328026

读者信箱：bhpress@263.net　邮购电话：（010）82316936

涿州市新华印刷有限公司印装　　各地书店经销

*

开本：700×960　1/16　印张：11.25　字数：157 千字

2012 年 11 月第 1 版　2012 年 11 月第 1 次印刷

ISBN 978-7-5124-0980-4　定价：26.00 元

若本书有倒页、脱页、缺页等印装质量问题，请与本社发行部联系调换。联系电话：（010）8231702

前言

仔细反省一下自己在工作和生活当中所遇到的挫折，你会发现，很多问题都是因为你拖延所造成的！相应的，一旦克服了拖延的习惯，你的所有这些问题都将迎刃而解！

对我来说，9 月 10 日可真是痛苦的一天！

就在前一天的晚上，我反复告诉自己：明天一定要记得给陈老师打电话——要知道，她可是我大学时代最喜欢的老师，她不仅为人和蔼可亲，曾经在很多方面帮助过我，而且她还是我的硕士论文指导老师，我现在的这份工作就是她亲自推荐的。明天就是她的生日，虽然由于距离太远，不能亲自去参加她的生日晚会，但我一定要打电话祝她生日快乐。

早上 6 点 45 分，闹钟响了，我下意识地按停了闹铃，心里对自己说道："再睡 5 分钟，然后一定要起床啊，要知道，陈老师可是习惯在早上 7 点钟出门运动的！"

时间很快过去了，6 点 50 到了，我挣扎着从床上爬了起来，虽然只是比平时早起床 10 分钟，可是我感觉好像自己只睡了一半时间，真是奇怪，这种感觉就像是我半夜起来上洗手间一样。我恍恍惚惚地拿起了电话，拨通了号码。怎么回事，没人接！难道陈老师已经出门运动了？不可能啊，还差两分钟才到 7 点呢。

"要抓紧时间了。"我对自己说道，于是我连忙拿出大学毕业时的通讯簿——我必须承认，虽然刚刚毕业只有一年，可我在过去的一年里跟陈老师的联系并不是很多——等我找到另一个电话号码的时候，发现已经是7点5分了，“算了吧，看来只能等到8点钟陈老师运动完之后再打了。”

于是我开始晃晃悠悠地回到床上，迷迷糊糊地接着进入了梦乡。

“啊！几点了？”当我再次从睡梦中醒来的时候，发现已经8点半了，平时这个时候，陈老师已经开着车在去办公室的路上了。不知道她今天上午会不会有课？看来我只能等到中午休息的时候再给她打电话了！我一边想着，一边从床上爬了起来，开始洗漱。

上午9点，我开始坐在计算机前面，准备我的销售计划。按照计划，昨天这份销售计划就应该躺在我的上司吉姆的办公桌上了。我好不容易才让吉姆相信，我周一一定可以完成这份计划——可是直到现在为止，我连一个字都没有写！

唉，该怎么开头呢？要不要征求一下迈克的建议呢？他在这方面可是一把好手。或者我应该先收集一下相关资料，要知道，那种配有一大堆数据的计划书总是让人眼睛一亮，嗯，就这样，先收集些资料再说吧。

下定决心之后，我决定让自己休息5分钟，毕竟，我已经开始考虑这件事情了，只要再过5分钟，我就可以正式开始做这份计划书啦！想想看，我只用了一年的时间就学会负责一个销售项目了，这可真是了不起的成就啊，嘿嘿。

在过去的一年里，我的工作可以说是一帆风顺，办公室里的每个人都夸我机灵，善于学习。而且我跟每个人关系都不错，他们经常给我很多帮助。并且我能看得出来，他们都喜欢跟我在一起，认为我确实是个不错的年轻人，只是有时候有点拖延，其实在念硕士班的时候，陈老师就曾经因为这件事严肃地跟我谈过一次。

哦，对了，陈老师，中午千万不能忘记打电话啊！

当我再次把目光落到计算机旁边的闹钟上的时候，我不禁叫了起来，已经10点半了！

于是我又坐到了计算机前面，准备开始写销售计划，好了，从哪里开始呢？对，先搜集资料，记得上次吉姆的那份计划书就被老板大大夸奖了一番，我想主要原因可能就是里面有很多数据吧。还有，我听说吉姆很可能会在下个月被提拔为销售经理，这对我可是个巨大的挑战，要知道，按照我们公司的传统，一旦他被提拔为销售经理，我很可能在今后的三年时间里都没有希望获得任何升迁。看来，这份计划书对我确实非常重要，嗯，我一定要把它做好！

好了，都已经快11点了，要抓紧时间啦，我开始感到有些紧张了！于是我打开计算机，就在这个时候，我突然意识到自己还没有打电话请维修人员来给计算机杀毒——就在上周末，我的计算机突然感染上了病毒，当时我就打算请人尽快来维修，可是不知道为什么，我一直没有给维修部打电话。

下午1点10分的时候，计算机终于修好了，我重新坐到了计算机旁边，准备搜索一下市场上的手机销售资料。当然，陈老师也没有接到我的电话，算了，晚上再打也不迟，反正能在她的生日晚会之前祝她生日快乐就行了。

这天晚上，我开始在床上回想今天所发生的一切：除找人修计算机，把女朋友米雪儿送到机场，然后又在回家的路上去超市给自己买了一些做晚饭用的蔬菜和水果之外，我好像并没做什么有意义的事情：计划没有完成，电话也没打。我到底是怎么啦？我不禁问自己。这些都是非常重要的事情，可是我实际上好像总是害怕跟陈老师讲话，而且虽然我也知道这份销售计划对我来说非常重要，可是我今天甚至没有真正开始搜集资料！

这个问题好像不只是今天才出现，在过去的一年当中，我经常遇到类似的问题，很多事情都没能够及时完成，我的年终评估因此大打折扣，甚至因此错过了两次重要的升迁机会！而且由于总是把事情拖到最后一刻，我很少能够无忧无虑地跟米雪儿待在一起——每次跟她在一起的时候，我总是心事重重——看得出来，她已经对我有些意见了，最近两三个月以来，她对我的态度已经明显不像以前那么热情了，而且就连要去西班牙旅游这样的事情，也是到临走的前一天晚上才告诉我的！

我的家庭生活也是一团糟，因为总是把探望父母的日期推迟，他们已经明确表示出对我的不满，并在上次通电话的时候嘲讽似的对我说，“希望能在圣诞节之前见你一面！”

另外，医生早就告诉我应该加强运动了，事实上，我已经为自己制订了很多份运动计划，可是每到早晨 6 点的时候，我总是能够找出各种理由把运动推迟到“明天”。

想到这些，我不禁长叹了一口气，唉，我到底应该怎么办呢？

这样的事情是否曾经在你身上发生过？

你是否曾经有过类似的经历？

或者，让我们问个更直接的问题：你是个拖延的人吗？

如果你的答案是肯定的话，那这本书就是为你而写的！

事实上，即便你并不觉得自己有拖延的习惯，本书也很可能适合你——因为它很可能适合你身边的某个人，他们有拖延的毛病，而且不经意间，他们的拖延已经给你带来了很多痛苦和烦恼，你无法摆脱这些人，所以最好的方法就是：送给他们这本书，从此改变他们的生活，并最终改变你自己的生活！

目录

Contents

第一章

吞掉那只蟑螂

这是一种早在哥伦布航海时期就在水手间流传的说法。在当时，如果一个人总是拖拖拉拉，并试图为自己找各种各样的借口的话，船长就会对他说，“吞掉那只蟑螂！”

在本章当中，我们将重点解决以下问题：

★ 为什么要“吞掉蟑螂”？

★ 为什么人们总是对蟑螂退避三舍？

★ 本书的结构是怎样的？

没有人喜欢蟑螂！

在这个世界上，即使是那些最狂热的动物保护专家们也不会对蟑螂产生太深厚的感情——当然，那些专门研究蟑螂的专家除外，在他们眼里，蟑螂已经不再是“病菌传播者”的代名词，而是一种可以给人们很多启示的生物体。

大多数人看到蟑螂的第一反应是尖叫。对于女士们来说，这种尖叫意味着惊吓。想想看，在某个星期一的早晨，当某位女士兴冲冲地来到办公室，拉开办公桌后面的椅子，正在整理档案的时候，突然有一只蟑螂出现在她面前，这位女士，如果不是那种心神特别坚定的“女英雄”的话，通常会有怎样的反应？

即使对于勇敢的男士们来说，蟑螂也够让人恶心的，一想到这个外表猥琐、在墙缝垃圾间穿梭的小东西，他们就恨得牙根发痒，所以通常情况下，男人们碰到蟑螂的第一反应是脚——一脚踩死它。

可是无论人们如何厌恶蟑螂，一个不可回避的事实是：大量的“蟑螂”每天仍然在我们周围爬来爬去。

在西方世界中，人们常常用“蟑螂”来代替那些让自己厌恶，甚至不愿意提及的人或事情，当一个人因不喜欢一件事情而拖延着不肯去做的话，那他就会把这件事情看成一个“蟑螂”——当然，这只是比喻意义上的蟑螂。

但这种“蟑螂”的危害更大！

它就像是一种流传甚广的病菌，正悄悄地占据着我们生活的每一个角落，侵入我们工作的每一个环节。它的危害已经超出了人们的想象，由于拖延，人们会错过一次又一次的机会，应该完成的工作没有完成，应该问候的家人没有问候，应该做的健康检查没有去做……这种病菌的传染性极强，只要一不留神，它就会黏附在你的身上，打乱你的工作，破坏你的生活，撕裂你与他人的感情纽带，甚至会夺去你的生命！

这并不是现代人才有的问题！

早在西班牙人探索新大陆的时候，拖延就已经成为一个不容忽视的问题。由于当时卫生条件不好，船上经常有很多蟑螂出没，所以每当水手们没能及时完成一件任务的时候，他们总是能够给自己找到借口——“我在抓蟑螂呢！所以耽误了一些时间！”一段时间以后，当再次听到这种借口的时候，船长就会冲着自己的水手大声喊道：“你抓到了蟑螂吗？马上吞了它！”

就这样，这一句口号逐渐在船上流行起来，“吞掉那只蟑螂！”每当船长发现某位水手没有完成自己交代的任务的时候，他就会质问原因，一旦发现这位水手所提供的理由并不能成立，他就会大声命令这位水手：“我明白了，这是你的蟑螂，我命令你马上吞掉它！”

几百年来，“吞掉那只蟑螂”已经成为管理者们要求下属立即执行任务的代名词。对于个人来讲，它也带来了强大的激励，无数人从这句话中汲取力量，鼓励自己克服拖延的习惯，采取行动。

本书第一、第二部分主要讲述“吞掉蟑螂”故事的由来，拖延给人们的工作和生活带来的危害，以及吞掉蟑螂的主要意义。

本书的第三部分，主要讲述“吞掉蟑螂”的十八种方法，在讲述每一种方法的时候，都将通过案例来讲述该方法的具体应用背景及效果。

本书的第四部分讲述如何养成新的习惯，以及如何跟人分享书中的秘诀，帮助自己周围的人克服拖延的习惯，提高工作效率，并使更多的人能够从本书当中得到助益。

奥斯本的抉择

奥斯本是一家展览公司的项目经理，他主要负责为这家公司安排各式各样的教育展览，在多数人看来，这可是一件非常了不起的工作。

在平时，他每天都会给世界上不同国家的不同大学，还有各国大使馆的文化处打很多电话，发很多传真；然后他需要为参展商安排住宿、交通，印制展会宣传品，向上司汇报工作，请求上司协调安排展会场馆；并在参展商来到之后负责接待工作。

等展览结束之后，奥斯本就开始忙碌着为下一次展览做准备，生活就这样日复一日地重复着，日子过得单调而忙碌。而且由于上司总是变幻无常，参展商也总是百般刁难，再加上许多酒店和印刷厂的推销人员也终日如影随形地纠缠……这一切都让奥斯本喘不过气来。终于，就在三个月之前，他开始萌生了一个自己为之兴奋不已的想法：辞职。

奥斯本是一个对未来充满理想的人，他对未来有太多太多的想法。他希望能够创办自己的公司，从事自己钟情的网络游戏行业；他还希望能够改变一下自己的作息时间，能够在每天傍晚的时候给自己空出一个小时，这样他就可以好好锻炼一下身体；他还喜欢在很多事情上自己拿主意，不用再看别人的脸色，不用每天周旋于各种人际关系。

总之，奥斯本相信，创办自己的网络游戏公司是一种最理想的生活方式，以至于在平常的日子里，每当心里烦乱，或者是遇到挫折的时候，他就会悄悄地温习着自己的这个梦想，告诉自己，这一切很快就会实现的……

时间飞逝，三个多月过去了，奥斯本还是没有辞职！

他不是没有努力过，在这三个多月当中，他曾经尝试写了十封辞职信，可是他至少有九封都没能写完，即使好不容易写完了一封，他也没能鼓足勇气把它放到上司的办公桌上。总是有各种原因妨碍奥斯本迈出那关键的一步，有时是因为手头的工作还没有告一段落，“等等再说吧！”奥斯本这样告诉自己，“等我把这个项目忙完了！”有时是因为上司的一次谈话，“看来老板对我还是寄予了厚望的，我应该再好好考虑一下！”有时是因为他对自己开始失去信心，“我能当老板吗？如果公司没有生意，我破产了怎么办？”

日子就这样一天天过去，奥斯本心中的包袱越来越重，一方面，他开始对自己目前的工作状况越来越不满，而网络游戏公司的影子也在他的心目中越来越清晰；另一方面，他因为自己没能鼓足勇气提出辞职而怀疑自己的能力，他甚至经常骂自己是个懦夫！

就这样，随着时间的推移，奥斯本开始变得暴躁起来，自然，他的工作也受到了影响，他经常打错电话，有时还会重复预订酒店，结果给客人带来了很多麻烦，自然也引起了上司的批评。

“不能再这样下去了！”一天晚上，下班回到家里的时候，奥斯本这样对自己说道，“我必须做出决定，要么立即辞职，要么让网络游戏公司的影子从此消失……”

第二章

为什么“蟑螂”很讨厌

在工作方面，“蟑螂”浪费了我们大量时间，耽误了很多重要的工作，让我们终日被一种愧疚感所萦绕。

在生活方面，它们会腐蚀我们的心理和生理健康，破坏我们的家庭关系，甚至最终会危及我们的生命安全！

为什么有些事情我们总是想拖到最后一分钟再做？

为什么一星期后就要考试了，你还是不愿意拿起书本，开始复习？

为什么一到考试结束你就信誓旦旦，告诫自己下次一定要好好复习，可是没过多长时间你就会恢复到自己以前的样子？

为什么只有在要打电话的时候，你才发现上个月的电话费没有缴？

为什么只有到要打印东西的时候，你才发现打印纸早就用完了？

为什么只有当你的上司过来向你询问结果的时候，你才发现他吩咐的事情你还没有做？

为什么你一到周末就发现有很多事情要做，结果不得不推掉跟女友的约会？

为什么有的人明明感到身体不舒服，却总是给自己找各式各样的借口，始终不愿意去医院好好检查一下身体？

为什么你答应孩子要带他去迪斯尼乐园，却始终没有兑现诺言？

为什么我们忙碌了一整天，却毫无任何成就感？

……

类似的事情是不是经常发生在你身上？

这些事情看似烦琐，但它却一直困扰着我们大部分的人，它就像一只永远也无法赶尽杀绝的蟑螂一样，死死地缠在我们身上，不知不觉间吞食我们的时间，使我们对自己逐渐丧失信心，严重的时候，我们还会因此而失去对生活的希望。

在工作方面，“蟑螂”浪费了我们大量时间，耽误了很多重要的工作，让我们终日被一种愧疚感所萦绕；在生活方面，它们会腐蚀我们的心理和生理健康，破坏我们的家庭关系，甚至危及我们的生命安全！

根据美国华盛咨询公司效率咨询专家戴尔的研究结果，在所有影响美国人生命安全的因素当中，给人们造成最大威胁的因素不是疾病，也不是经济因素，而是工作压力。而在所有导致工作压力的因素当中，排在第一位的就是拖延。

拖延不仅会影响人们的工作效果，它还会影响人们的生活质量。戴尔在其研究报告中这样说道：所谓拖延，就是指出于某种心理习惯而导致的行动迟于预定时间的行为表现，简单地说，拖延最直接的表现就是该开始做的事情没有开始，该做完的事情没有做完。

每当谈到拖延问题的时候，大多数人的一个最主要的疑惑就在于，他们无法区分拖延与思考之间的区别。在他们看来，很多人之所以迟迟没有采取行动，一个最主要的原因就在于他们感觉自己对问题还没有考虑清楚。在《拖延者成功指南（*The Procrastinator's Guide to Success*）》一书当中，美国著名作家林恩·莱夫利对思考和拖延进行了这样的区分：

思考：你不知道该做什么。

拖延：你知道该做什么却不去做。

从根本上讲，思考是一个想清楚该做什么的过程。它需要你在大脑中想象出还没有发生的事，它是抽象的，但它又是成功的必须条件；拖延就是在思考结束之后并没有及时把思考的结果付诸行动。

为什么人们会拖延呢

为什么人们会拖延呢？要知道，所有拖延的人都知道应该做什么，应该在什么时候完成，他们也知道自己的时间并不多，而且这件事情非常重要，可是时间一点一滴地过去了，他们却始终没有动手去做。为什么会出现这种情况呢？

早在 18 世纪的时候，法国的心理学家芒森就曾经总结过拖延的 13 条主要原因，他相信：在所有导致拖延的因素当中，绝大部分都是心理上的因素。人们会因为各式各样的原因而拖延自己的工作，把早就应该完成的任务一推再推，事实上，这些原因大部分都是人们在心理上虚构出来的，它们绝大多数可能并不存在。

1. 害怕被拒绝。这一点在那些性格内向的人身上体现得尤为明显。因为害怕被拒绝，他们不愿意去拨打那些可能会拒绝他们的人的电话，更不愿意开口让人去做一件事情，即使不得不开口去向别人提出一些要求，他们也总是会设法拖到最后一刻。

这一点在很多科学家身上体现得最直接。前任美国发明协会副理事长曾经宣称：很多发明家之所以没有取得商业上的成功，其原因并不是因为他们的发明水平不高，而是因为他们大多数人都患有被拒恐惧症，在向客户推销产品的时候犹豫不决。

这种情况在推销员身上也很常见，没有人喜欢被人拒绝，推销员更是如此，他们常常因为害怕客户对自己的产品说“不”而采取逃避的办法，不敢跟客户主动联系——事实上，客户很可能正在等候他的电话呢！

2. 过于追求完美。有些人喜欢把自己的工作一改再改，甚至是重复再重复，他们总是担心自己的工作不能令人满意，希望能够拿出每个人都称赞的作品。事实上，这种人忽略了一个最重要的事实：我们并不是在为自己完成某件工作，我们工作的大部分内容都是为别人服务的，所以这也就意味着我们不应该用自己的标准去判断一件工作完成得是否完美。

同时我们也不应该忘记，不同的人对于“完美”可能有着不同的定义，但所有人对于时间的定义都是相同的：如果你完成一件工作的时间超过了预定的最后期限，那你就是拖延了。

而对于那些时效较强的工作，比如我们谈到的新闻工作等，如果你迟于预定时间完成，无论你的工作有多完美，都将毫无意义。

3. 对自己从事的工作不感兴趣。每个人都喜欢做自己喜欢的工作，任何人都不例外。对于不喜欢的工作，我们通常会把它们放到最后。有的时候，我们甚至会有意识地忽略这些工作的存在——直到有人提醒我们。根据心理学的解释，人类的大脑实际上是在进行一种选择的记忆，也就是说，我们总是倾向于记住那些让自己感到高兴的事情，工作也是如此。

很多心理咨询师都建议那些对眼前工作不感兴趣的人去换一份自己喜欢的工作，事实上，我们很少有人会对某项工作中的所有内容感兴趣。斯皮尔伯格曾经问一位疯狂的影迷是否愿意做导演，结果得到了否定的回答——因为对方不喜欢把一个镜头重复拍上很多遍。

所以如果你对自己眼前的工作非常不满意的话，我建议你首先对自己的工作内容进行一番分析，问问自己是不喜欢这份工作，还是不喜欢这份工作的某些要素，如果答案是后者的话，我建议你还是继续坚持下去。

4. 缺乏监督和制约。即使是公司的高层管理者，包括那些自己拥有公司股份的人，也很可能会在某些事情上拖拖拉拉。毕竟，人都是有惰性的，一旦缺乏监督和制约，我们就很容易拖延那些自己不是很感兴趣，也并非需要立即完成的工作。不知不觉中，很多需要完成的工作就从此被搁置了。

对于政府公务人员或者是非盈利机构的服务人员来说，因为缺乏监督和制约而导致拖延的现象更为普遍。一方面是因为他们不需要直接面对市场，所以很难感受到来自竞争对手的压力；另一方面也是因为他们的服务并没有可替代的，而且他们也没有赢利压力，所以在这种情况下，他们很容易就会变得拖拖拉拉。

5. 缺乏责任心。这是导致拖延的最基本原因。美国著名的管理学家，被誉为“现代管理学创始人”的德鲁克曾经说过，一切管理活动都起源于人，所以优秀的管理者必须从选对人开始。

一个缺乏责任心的人是很难被改变的，如果你的部门中有些人的确缺乏责任心的话，我建议你尽早替换掉他。或者如果可能的话，我建议你把他的工作细分到每一个动作，然后通过硬性的规定来强迫其完成——当然，我并不提倡这种做法。

6. 无法集中精力。精力不集中是导致效率低下的一个重要原因。美国加州大学安德森商学院教授史蒂芬 · 博格莱斯曾经在《哈佛商业评论》中撰文指出，要解决员工效率低下，总是无法按时完成工作的问题，关键就在于教会其集中精力，而不是简单地依靠制度或者是训斥的方法去解决。

能够对人们形成干扰的因素有很多，但在所有因素当中，真正会影响一个人精力集中程度并不是噪声或气味等外界因素——而是人们内心的躁动，但无论如何，真正能让一个人内心保持平静的，只有他自己。

7. 不懂得拒绝。博格莱斯教授曾经把拖延列为影响工作效率的四大因素之一，他指出，由于很多人不懂得拒绝别人，总是承揽别人交代自己的事情，结果就会使得自己积累了太多的工作。这时候，如果这个人不懂得如何为自己的工作安排次序的话，就很可能根本无法按照预定计划完成工作，结果反而影响整个团队的工作效率。

8. 不能舍弃现有的东西。这也是导致拖延的一个重要原因。特别是在做一些重大或者是必须做出取舍的时候，很多人都会因此而放弃更好的选择。有一句著名的东方谚语："一鸟在手胜于二鸟在林"，就具体地说明了这种心态。

很多人常常因为不能舍弃现有的东西而放弃改变自己生活的契机，或许这也正是比尔·盖茨等人的超人之处吧——毕竟，不是每个人都愿意放弃哈佛法学院的学位，而改行去创办一家当时看起来前景非常不明朗的软件公司的。

9. 目标不合理。当目标不合理，或者说目标超出执行者的预期心理水平的时候，执行者也会选择拖延的方式来进行响应。当人们感觉自己所接受的任务超出了自己所能承受的范围的时候，他们就会通过拖延的方式来逃避自己的任务。

当然，事实证明，人们对于这类任务的恐惧往往要比任务本身的难度还要大，也就是说，很多人在很多时候把问题想象得过于复杂了。

但另一方面，对于那些确实超出执行者承受强度的任务，管理者也应该注意调配，使其降低到执行者能够承受的水平，并且要在分派任务的时候就任务的内容以及业绩衡量标准等做出详细的说明。

10. 没有确定期限。当上司交代给我们一件任务却没有告诉我们完成任务的期限时，我们很容易会拖拖拉拉。试想一下，一方面，你手头有很多事情需要处理，另一方面，上司又没有为你规定一个严格的时间限制，在这种情况下，你会如何对待这件任务呢？大多数人的反应很可能是这样的："先放着吧！我手头还有很多事情要忙呢！"

11. 懒惰。毫无疑问，对于一个生性懒惰的人来说，无论做什么事情，他都会拖延。如果你的办公室里有这样的人，我建议你采用刚才谈过的应对"缺乏责任感"的人一样的方法。

12. 对抗某个人或某项政策。也有这么一些情况，有些人做事拖延并不是因为任务本身出了什么问题，也不是因为他们生性懒惰，这些人之所以不愿意按时完成任务，主要原因是因为他们对自己的上司有意见，或者是对公司管理层做出的某些决定感到不满。

20世纪90年代初期，芬兰最大的跨国公司AB公司决定对公司结构进行扁平化改革，将数千名经理人员降职为普通员工，将原有的18层等级改为6层等级。也就是说，在以前的结构当中，公司普通员工到CEO之间一共有18个等级，而在改革之后，将只有6个等级。

很多经理人都通过拖延工作的方式表示自己的不满情绪，结果订单处理速度和货物配送速度大大降低。在不到两个星期的时间里，公司送货及时率由原来的99%锐减为70%，15%的客户提出抗议，有的客户甚至还以取消订单相威胁。

13. 不知如何进行优先选择，不知如何安排工作次序。在谈到拖延问题的时候，很多人都会以“工作太多”为理由为自己进行辩解。事实上，大多数人之所以没能按时完成自己的工作，主要原因不在于工作的多少，而是安排工作的方式出了问题。

我们知道，一个人在一个时间里只能做一件事情，这也就是说，在某一个固定的时段内，如果思绪被一件事情占据的话，我们就不可能去思考另外一件事情。安排工作也是如此。

由于时间有限，我们不可能把所有分派给我们的任务一次完成，在这种情况下，我们必须学会分清重点，为自己的工作安排好次序。

如果工作真的太多的话，我们只能选择首先完成那些最重要的任务，正如比尔·盖茨在给员工的一封信中曾经说过的那样，“只要先把重要的事情做完，我们还有什么可担心的呢？”

你是一个爱拖延的人吗

正如定义中所说的那样，所谓拖延，就是指你在明白自己该做什么之后，却始终没有采取行动的行为。由此我们可以推断，如果你是因为没有弄清楚一件事情，或者是因为不知道该不该做这件事情而没有动手的话，那你根本不能算是一个爱拖延的人。

有的人感觉自己每天做的都是一些琐碎的小事，觉得自己有很多重要的事情都没有完成，甚至都没有开始手去做，所以他们觉得自己是在拖延，因此而产生了一种强烈的罪恶感。

事实上，如果你在保证质量的前提下按照自己的计划完成了所有事情，那无论你做的事情是多么琐碎，你都没有拖延。相反，如果你在做一件事的时候，心里总是想着另外一件事情，或者是在做那些你认为是“琐事”的事的时候，心里盘算着那些更加重要的事情，你就很可能会因此而延误手头的事情，这就是拖延。

如何判断你是否是一个爱拖延的人呢？

要回答这个问题，你首先应该问自己以下几个问题：

我知道应该做什么了没有？

我开始动手做了没有？如果答案是否定的话，问问自己，为什么会这样？

如果不能给自己一个满意的解释，那就说明你是在拖延了。

跟拖延者相比，还有很多人做事容易走向另一个极端：他们总是无谓地担心自己在拖延，使得自己终日精神紧张，毫无成就感，从生活中也感受不到任何快乐。

庸人自扰的塞尔夫

20世纪70年代到80年代中期，美国有位心理学家曾经对日本人的工作状态进行过一项长达十余年的研究，并根据自己的研究对“工作狂”这个词下了一个定义。根据他的定义，工作狂就是一种过于执着于工作的状态，工作定义了工作狂们的全部生活，患有工作狂症状的人无法适应无所事事的状态，在他们看来，完成工作、在工作中追求完美、通过工作来证明自己就是生活的全部内容。

按照这个定义，塞尔夫是个标准的工作狂。对于他来说，生活似乎就是一场马不停蹄的战斗。他感觉自己总是在不停地从一个战场转战到另一个战场，刚刚结束一场厮杀，转而又会投入到另一场厮杀当中。他喜欢每天都有一大堆事等着自己去处理，这让他有一种巨大的成就感和满足感。

这种生活让他兴奋，但几年过去之后，他隐约感觉到这种生活也正在带给他越来越多的苦恼——由于工作已经成了一种习惯性的行为，他渐渐觉得自己好像每天都有些事情没有处理完，而且随着时间的推移，这种感觉越演越强烈。

终于有一天，塞尔夫实在受不了这种感觉了，于是他决定给自己放个假，好好轻松一下。就这样，在一个星期五的下午，塞尔夫把辞职书递到了上司的桌子上……

拖延的危害

很多人倾向于把拖延看成一种现代病，事实上，拖延根植于人的天性，可以说是“古已有之”，比如说富兰克林就曾经因为自己的拖延深感惭愧，并决定把“今日事、今日毕”作为自己的行为准则。

人们之所以会认为拖延是现代病，主要原因就在于这种行为只是在现代才引起人们的重视。和几年前相比，现代人的生活节奏要快得多，而且随着各种沟通方式的出现，人们每天都会接触到大量信息，这一方面会丰富人们的生活，带来很多新的机会，另一方面，它也会给我们的工作带来很多新的困扰，比如说大量的信息流通就会很容易造成一定的信息混乱，并因此而导致信息的流失、行为的拖延，以及沟通的错位。

具体来说，在现代社会背景下，拖延带给人们的危害主要表现为以下几种。

耽误重要工作的最后期限

我们知道，每个人的每件工作都有一定的时间限制——只不过有些工作的时间限制不是那么严格，而有些工作的时间限制比较严格罢了。这也就意味着，我们对任何工作都不可能无限期地拖延下去，在很多情况下，由于行动的节奏不够快，导致工作没有完成，造成时间上的延误，从而会出现浪费很多工作，甚至功亏一篑的结果。

比如对于新闻从业人员来说，工作上的拖延是最致命的行为之一。由于新闻本身具有极强的时效，所以一旦过了发布时间，新闻成了旧闻，它就变得毫无意义，在这种情况下，所有前期的采访和编辑都变得毫无意义。

对于学生也是如此，这个道理其实非常简单，仔细想想，如果我们在考试结束之后才想到去好好背诵某个在考试中出现的公式的话，那还有什么意义呢?

让我们错过很多重要的机会

在现代社会，一切都处于快速变化之中，大量的信息每天都在高速而无序地流通着，我们每天都可能有很多机会改变自己的命运，可是由于拖延成性，很多人都已经步入中年，却始终没有迈出那“改变命运的一步”。

只要回忆一下自己曾经的梦想，我们就会发现，真正阻碍自己实现梦想的，其实就是我们自己，或者更确切地来说，是我们凡事总爱拖延的习惯。

我在读大学的时候，我的一个好朋友曾经立志要去联合国教科文组织工作，并把它视为一份自己愿意为其奋斗一生的职业，而且只要一想到能够参与到那些全球性的活动当中，他就会为之激动不已。

根据当时的规定，凡是想进入联合国教科文组织工作的人，首先必须有在文化交流单位工作两年以上的经验，并且要通过一项有一定难度的考试。于是这位朋友先找了一家专门经营对外演出业务的公司工作。

两年之后，机会终于来了，可是这位朋友却始终不愿意去为即将到来的考试做准备。

每次我问起这件事情的时候，他总是能为自己找到各种借口：“唉！最近的演出搞得我焦头烂额，根本没时间复习”、“还有些资料没有准备齐全”或者是“我正在考虑先去上一个辅导班，这样胜算就会更大一些”。终于，考试的日期来到了，结果可想而知。

两年以后，当我再次见到这位朋友的时候，他已经彻底忘记了自己曾经有过的梦想，谈起教科文组织的时候，他只是轻声叹了一口气，“唉！那一切想起来似乎非常遥远！”

影响工作品质

很多人也知道自己的工作非常重要，必须保证质量，而且一定要及时完成，可是他们总是非等到最后关头才想起要去把握时间。由于已经拖延太久，所以只好在最后一刻拼命赶，有时可能只来得及完成一部分，有时即使完成了，也根本没时间去进行最后的检查，只好匆匆忙忙把工作传递到下一个环节，结果质量可想而知。

这种问题在学生中尤其普遍。对于那些好胜心不是很强、学习和生活压力并不太大的学生来说，他们总是喜欢拖延到最后关头，经常是在考试或者交论文的前一天才开始抱起书本。自然，成绩也不会太理想。

对于那些已经步入工作职场的人来说，拖延会使得他们的工作结果漏洞百出，从而很可能会影响整体工作运作的效率和赢利能力。

简单地打个比方，比如说在处理订单的时候，如果一味拖延的话，公司就会因此流失大量客户。即使是在进行售后服务的时候，如果服务人员不能够在约定时间赶到客户那里，也会影响客户对公司的信心，从而导致客户的流失。我们知道，争取流失的客户要比开拓新的客户难度大得多。

影响团队合作

对于以团队合作的形式开展作业的人来说，拖延所影响的就不仅仅是个人的表现了。在进行团队作业的时候，由于整个作业过程就像是一个完整的链条，所以一个环节的中断或者是延迟都会影响后期整个链条的运作，出现这种情况的时候，整个团队的工作进度都会受到影响，而这又会导致一连串诸如分配、激励、流程管理等方面的问题，所以对于项目团队来说，克服拖延就显得尤为重要。

被看做“现代汽车工业创始人”的亨利·福特在开创生产线作业方式的时候就曾经对自己的员工谈过拖延的问题，他要求所有员工的工作必须在规定的时间里以规定的方式完成。

“由于每一个环节的拖延最终都会影响到汽车开出工厂大门的时间，所以你们必须保证在规定的时间内拿出结果！”在一次视察工厂的时候，福特这样对自己的员工说道。

随着人类进入信息时代，虚拟团队的作业形式也开始变得越来越普遍，由于团队成员并没有真正地坐在一起工作，人们很容易就变得更加拖延。

如何在管理虚拟团队的时候控制好拖延现象，从而保证整个团队的工作效率和整个流程运作的顺畅，这已经成为研究者们最新关注的焦点问题之一。

打击自信心

拖延的另一个危害就在于它会影响一个人的自信心。

当一个人由于拖延而影响完成任务的时间，或者是影响工作质量的时候，他很容易会非常敏感地察觉到别人的不满，而且确实是因为自己的原因而导致这种不满的话，他就会陷入愧疚，并经常埋怨自己。

如果这种情况继续下去的话，他就会因此而对自己失去信心，只要是自己接受或者是负责参与的工作，一旦出现了问题，他很可能马上就会把所有的责任都归结到自己身上，而他的自信心也会因此而备受打击。

对于一个因为拖延而导致自信心受挫的人来说，恢复其自信心的最好方法就是首先改变其行为习惯。比如说如果你经常因为办事拖延而受到上司指责的话，我建议你不要想着去埋怨任何人，因为解决问题的关键就在你自己身上。

问问自己，我眼前最重要的事情是什么？想想你该怎样才能又快又好地完成这件工作。当你真正做到在保证质量、保证时间下完成一件工作的时候，你就会产生巨大的成就感，而且你也会因此受到表扬，这一切都将对你恢复自信有着难以估量的作用。

影响生活质量

拖延不仅会给我们的工作带来极大危害，而且它还会影响我们的生活质量。

由于很多有拖延习惯的人总是喜欢把自己的工作拖到最后一刻，所以他们经常会在工作中感受到巨大的压力，当这种压力无法在工作中完全排解的时候，他们自然很容易把它带到生活当中。

从另一个角度来说，由于拖延是一种行为习惯，或者说是一种生活方式，人们自然会在所有事情上都拖拖拉拉，这就会逐渐影响与他人的关系。

很多人都曾经有过这样的经历：由于工作太忙（其实这很可能只是一个借口罢了），总是没时间去锻炼身体，结果身体状况每况愈下；由于不愿意去医院检查身体，我们总是能够给自己找到各种借口，把去医院检查的事情拖了又拖，结果很多人都是到了情非得已的时候才想起要紧急住院，而这自然就会导致治愈概率大大降低；由于要加班赶完那些自己因为拖延而没有及时完成的工作，我们不得不推掉跟朋友的约会，反复几次之后，我们跟朋友的关系就会日渐变淡，这一切都会不可避免地影响我们的生活质量。

在谈完了导致拖延的原因以及拖延的危害之后，我们将在下面的章节当中讨论如何克服拖延，在这个过程当中，我将跟大家一起分享克服拖延的十八条秘诀。

相信在掌握了这些秘诀之后，大家就应该能够彻底改掉拖延的习惯，迅速提高自己的工作效率，进而在工作和生活当中取得更大的进步，获得更多的成就感和满足感。

第三章

“吞掉蟑螂”的十八条秘诀

在本章当中，我将向大家介绍克服拖延习惯的十八种方法。只要能够坚定地应用其中的一种或几种方法，相信你的拖延习惯就可以得到有效的克服。

当然，需要提醒的是，在克服拖延习惯的过程中，一旦确立了好的习惯，你就一定要通过不断的重复来坚持下去。毕竟，一旦让原来的习惯重新占了上风，你所有的努力都会变得毫无意义。

一本正经的教条是让人讨厌的，而且我们也不可能板着面孔冒充权威，再说这个世界上没有“放诸四海而皆准”的方法，所以在对照下面的建议进行练习的时候，我建议读者根据自身情况的不同来选择几种最适合自己的方法。在选择这些方法的过程当中，我建议大家参考下面的标准。

第一项标准，要选择那些最能解决自己当前所面临的问题的方法。如果你当前正面临着的最重要的问题不是培养一个好的习惯，而是要解决一件迫在眉睫的问题，那你就可以采用“确立紧迫感”、“找人帮忙”、“对任务进行分解”之类的做法，因为这时你很可能已经来不及去“培养自制力”，或者是“给自己找个竞争对手”了，你需要的是立即出手，并马上得出结果。

第二项标准，要学会找到让自己感到最轻松的方法。正像我在后面将要谈到的那样，要想完成一项任务，比如说克服拖延的习惯，除了学会对任务进行分解之外，“先做容易的事情”本身也是一个很好的途径。想想看，先做容易的事情可以让你对自己更加有信心，让你感到自己正在不断进步，并且对今后的练习更加有信心。记住，在做任何一件事情的时候，千万不要一开始就给自己提高门坎。

第三项标准，要使用那些最符合自己条件的方法。避繁就简是人的天性，但不同的人对于“繁”和“简”有着不同的定义，所以在进行练习的时候，我建议大家考虑一下自身的条件，比如说你的工作方式、周围环境，或者是性格特点等。对于那些性格稍微内向，而且工作内容比较独立的，我建议你可以尝试请人帮忙，或者是学会模仿他人的做法；而对于那些刚刚开始担任管理者的人来说，我建议你应该学会对任务进行分解，并学会在工作的时候寻求他人帮助，而且要渐渐帮助自己周围的人确立紧迫感。

第四项标准，要使用那些自己能够经常使用到的方法。要想建立一个好习惯，你还要学会不断进行练习，要做到这一点，你就要在选择下列方法的时候重点考虑那些自己会经常使用到的方法，因为只有这样，你才能在最短的时间里以最快的方式克服掉拖延的习惯。而且一旦你选择了那些自己最经常使用的方法，它所带给你的好处也将是最大的——毕竟，它帮助你解决了一些你自己平时经常遇到的问题。

第一条　确立紧迫感

适用症状：

★不能预期结果，将其具体化

★不能制定一个明确的最后期限

★不能强迫自已马上行动

菲尔是非洲大草原上的一头羚羊，它的天敌是那些时刻都可能从草丛后面跳出来的狮子。对于菲尔来说，它的生活没有一天不是在紧张之中度过的，每当遇到风吹草动的时候，它就会马上竖起耳朵，感觉浑身的肌肉都紧绷起来，一旦在草丛后面看到狮子的影子，菲尔就会迅速逃掉。

就这样，凭借着自己敏锐的感觉，菲尔成功地躲过了狮子一次又一次的偷袭，在危机四伏的大草原上生存了下来，并因此成为大草原上的传奇英雄。

一年一年过去了，菲尔的故事被一位作家写成了小说，故事很快在一个大都市的办公室里流传开来，人们开始纷纷议论菲尔的故事，还有的人把它的生存秘诀总结为六个字：时刻保持敏锐。

保持敏锐是大脑运作高效的关键所在。很多人之所以拖拖拉拉、效率低下，是因为他们的大脑始终无法保持足够的敏锐度，对自己的任务总是不能产生足够的重视。这种人应该通过怎样的方式克服拖延的习惯，让自己保持敏锐呢？一个简单而实用的做法就是倒计时。

每次看到短跑运动员在田径场上飞奔的时候，我都会忍不住问自己一个问题，这些运动员在平时也会以这种速度走路吗？

当然，我不否认，这是一个看起来非常愚蠢的问题。但由此却可以引申出一个更有深意的问题：为什么这些运动员平时的速度跟比赛时的速度会有如此大的差异呢？

一个简单而合理的解释就是：他们在平时不会保持高度紧张。

确实如此，对于比赛中的运动员来说，不停跳动的秒针、身边闪过的选手，以及前方不远处的终点线……都会给人带来巨大压力，使其无形之中产生一种强烈的紧迫感，从而他们的精神也会因此保持高度紧张，效率自然也会大大提高。

学生在考试的时候也是如此，一旦进入考场，绝大部分考生都会立即高度紧张起来，他们会把自己的全部精力都投入到接下来的一两个小时之中，绝对不会让任何事情来分散自己的精力，自然在这段时间里，他们的效率也会得到成倍的提高。

好了，接下来请你问自己一个问题：为什么你不能像在考场上一样集中精力地学习，不能像在参加公司笔试的时候那样集中精力工作呢？

你没有紧迫感。

在你的内心深处，你缺乏一种“只许成功，不许失败”的斗志。你无法强迫自己把全部精力集中到自己当前的工作上，所以很多问题都会接踵而至：效率低下，工作拖延，质量不合格，精力不集中。

未能成行的西班牙之旅

不知道为什么，每次考试之前，奥斯本总是无法让自己紧张起来。虽然有很多课程都没有复习，一旦看到同学们紧张的样子，他还会觉得很好笑，“为什么大家都是一副如临大敌的样子呢？不管成绩如何，考试总会过去的。”

可是另一方面，奥斯本又是一个非常重视成绩的人，毕竟，无论是评选奖学金，还是推荐学生参加各种活动，老师们总是会优先考虑一个学生的成绩。要知道，奥斯本可是一个特别喜欢参加各种活动的人，而且他总是不甘心在任何事情上低人一等，在考试成绩上也是如此。

自然，考试的结果很少能够让奥斯本感到满意。这并不奇怪。想想看，就在上个学期期末考试的那个月里，或者更具体地说，就在距离历史考试还不到三天的时间里，奥斯本都还没有翻开过一页历史课本，对于那些烦琐的人物、地名、时间，还有历史事件的经过，他只是知道个大概。

其实他心里也明白，如果不在考试之前认真复习一下的话，他很可能会不及格，这也就意味着，他将根本没有资格参加明年暑假学校组织的前往西班牙的旅行。

“我确实应该好好复习一下了，西班牙可是一个不错的地方！”可每当奥斯本拿起历史课本准备认真温习的时候，总是会有各式各样的事情打断他：

同学会打来电话；

他总是想上厕所；

他要去看望住院的外婆；

晚上九点的球赛也不能错过；

椅子坐着不大舒服；

计算机好像也该修了……

似乎所有的事情都不能错过，所有的事情都比温习历史更加重要！

三天的时间很快过去了，望着那本只翻开了三页的历史课本，奥斯本简直想掉眼泪：“唉，看来西班牙是去不成了！”

让我们从另外一个角度考虑一下这个问题。设想一下，如果你能够在平日学习的时候做到像在考场上那样精力集中，如果你能够在日常工作的时候像参加公司考核时那样全力以赴，结果将会怎样？

当然，我们必须承认这样一个事实：没有人喜欢时刻保持高度紧张。在人的一生当中，绝大部分时间都是在放松的状态当中度过的。而且保健专家们也都在反复强调保持心情放松的好处，以及过大的工作压力将给人们的身心健康带来怎样的危害。

可是从另一方面来说，虽然过大的压力会让人濒临崩溃，但适当的压力却可以有效促进工作效率的提高——如果你因为习惯于拖延而无法及时完成任务的话，那结果只会给你带来更大的压力。

在讨论了确立紧迫感的必要之后，我们接下来要讨论的一个问题就是：如何为自己创造紧迫感呢？

首先，你要为自己确立一个明确的期限。美国著名管理学家、组织行为学的创始人保罗·赫塞曾经这样评价一个人的行为动机，“基本上是向着终点前进的！”他相信，要想使组织当中的个人在工作的时候确立充分的紧迫感，管理者首先必须给员工准备一个紧绷的弹簧，随着截止日期的逼近，这根弹簧会越绷越紧，直到最后任务完成。

其次，在确立期限之后，你还要学会充分认识到问题的严重性，你可以从正反两个方面进行设想，比如说如果在保证质量的前提下完成了这件任务，结果会怎样，或者说如果没能及时完成这件任务，结果又会怎样？关于这两种方法，我们会在后面的内容当中详细谈到。

奥斯本的第二次机会

终于，就在这年暑假快要到来的时候，奥斯本又发现了一次可以出国旅游的机会：爸爸所在的公司准备资助十名中学生到中国与当地的学生进行文化交流。根据计划，在这次交流的过程当中，学生们将有机会游览万里长城、故宫、兵马俑、明皇陵等历史遗址。除此之外，参加交流团的学生还能与当地的中国学生结成好朋友。

当奥斯本知道这个消息之后，他向爸爸表达自己想参加交流团的愿望。“当然可以，只是你需要在明天中午之前向我们公司的公关部提交一份申请书，其中要包括你这次到中国去的计划，以及你打算从这次交流当中学习到哪些知识等。一定要详细，而且一定要在明天中午之前提交。要知道，暑假快到了，我们的基金会很快就会决定谁将得到这笔资助！”

“没问题！”奥斯本马上回答道。他一边打开计算机，一边习惯性地看了看桌子，咦，居然摆着一个闹钟，这可真奇怪！已经是下午3点了，时间不多了，于是奥斯本马上开始通过网络搜集关于中国的数据。很快的，大约下午6点钟的时候，他已经为自己积累了大量信息，并开始有选择地进行记录。

晚饭只占用了奥斯本半个小时的时间，大约在晚上7点30分的时候，他又重新回到了计算机前面，开始分析自己下午搜集的数据。

两小时后，奥斯本发现了中国文化有一个非常明显的特点：皇室生活对中国文化有着巨大的影响。于是他马上初步为自己的交流定下了题目,“皇室生活与中国文明”！看了看时间，已经是晚上10点钟了，“时间不早了，看来我必须把握时间了！”

接着，他又开始对这一题目进行进一步细化，并拉住爸爸询问一些有关资金数额，以及具体时间期限方面的问题。在得到这些信息之后，奥斯本又结合这些因素对自己的交流计划进行了进一步缩减，慢慢的，一个清晰的题目出现在他的脑海当中……

就这样，这天晚上11点10分的时候，奥斯本为自己确定了一个明确的题目:“龙图案在中国明清时期的分布情况”。按照计划，他将对中国北明清时期的多处园林进行考察，并在考察的过程当中具体记录下带有龙形的图案出现的地点及频率，在交流结束之后，他将向爸爸所在的公司提交一份关于龙形图案在北京园林出现频率的切实统计数据。

等奥斯本把这一切都记录下来的时候，已经是晚上11点30分了。他揉了揉酸痛的眼睛，心满意足地站起身来，“看来我还需要向基金会说明一下我准备采用的统计方法，”一边走向洗手间，奥斯本一边自言自语道，“不过没关系，我还有明天一上午的时间！”

……

两个星期的一天傍晚，奥斯本的爸爸开车来到机场——奥斯本要在这里登机前往中国！

就在即将分手的时候，爸爸告诉了奥斯本一个秘密:“知道吗？奥斯本！是我故意把闹钟放在你的桌子上的，目的就是让你增加压力，帮助你不断提醒自己:‘时间不多了！’”

第二条　多想想结果

适用症状：

★不计后果，一味拖延

★因不了解问题的严重而拖延

★拖延不得，否则会遭受严重损失

众所周知，贝克汉姆在英国是一位绝对的偶像级人物，据说他在英国受关注的程度丝毫不亚于英国皇室。

2003年11月，英国一家报纸曾经对贝克汉姆的足球训练过程进行了详细追踪。在对贝克汉姆进行的访谈时，贝克汉姆对该报纸记者口出惊人之语：跟大多数球员不同的是，我是在用右脑踢球。一时间，此语在英国引起强烈反响。

我们知道，人的大脑分为左脑和右脑两个部分，左脑的主要功能是负责逻辑思维，进行空间和数量计算；而右脑则主要负责进行形象思维，比如说情感和想象等活动。

多年以来，科学家们一直把研究的重点放在左脑上面，而忽略了右脑的开发，直到大约20世纪80年代，人们才逐渐意识到右脑的重要，并因此掀起了一轮右脑开发的热潮。

日本著名的教育专家七田真曾经利用自己对右脑的研究成果开发出了右脑学习法，通过训练人的形象思维能力来提高学习能力。英国著名的记忆大师托尼·布赞也极力提倡对右脑的研究，大力宣扬形象思维对于提高人体智慧的重要。

事实上，不仅是在教育领域，形象思维（也就是对于右脑的利用）对于克服拖延习惯也同样有用。

我们在前面谈到贝克汉姆宣称自己是在用右脑踢球，其原理就是利用形象思维来进行练习。我们知道，作为这个星球上唯一拥有真正意义上的智慧的生物，人类的每一个动作都具有一定的目的，也就是说，人类任何一个有意识的动作（与下意识动作相对而言）都有其一定的目的，在开始该动作之前，动作的发出者实际上都已经有意无意地在大脑中想象出了该动作可能产生的结果。

根据这一原理，贝克汉姆总是在踢球之前先启动自己的右脑，在大脑中清晰地勾勒出足球运行的轨迹、划过的弧线，并由此反推出自己在踢球时的着脚点以及相对的力度。

对于那些右脑比较发达的人，他们的动作往往具有更强的导向，也就是说，在开始一个具体的动作之前，他们通常会更加形象地在大脑中勾勒出该动作的结果。相比之下，那些形象思维并不是很发达的人往往不会意识到这一点，在做出某些行为的时候通常也会显得有些不计后果。

那些总是拖延，并且有时会因为拖延而耽误重要事情的人就是如此。由于没有意识到自己的行为可能会导致的后果，这些人总是不会积极地去完成那些必要的工作，因为在他们看来，即使耽误了一些工作也没有什么大不了的。而且由于形象思维并不发达，他们也根本无法体会到自己的行为将给自己周围的人带来怎样的影响。

不可能完成的任务

“这根本不可能！”听到电话那边传来的声音之后，史蒂夫不禁大叫起来，“二百件毛衣至少需要三个星期的时间，要知道，我已经把速度提高到极限了！”

“非常抱歉，史蒂夫先生，”电话那边的声音依然是那么平静，好像史蒂夫的发火并没有对她造成任何影响，“我们必须在十一月的服装展览会之前准备好所有样品，否则我们就会错失明年上半年一半的订单！我的老板非常看重你我之间的合作，但另一方面……不如这样吧！您可以仔细考虑一下，明天早上再给我答复，如果你那边实在有困难的话，我们将不得不寻求新的供货商！”还没等史蒂夫回答，对方就挂掉了电话。

“见鬼去吧！”史蒂夫破口大骂起来，“我不相信纽约还有哪家工厂能以我们的价格在一个星期里提供二百件成品毛衣！”

作为一家小型成品制衣厂的老板，史蒂夫一直负责为一家大型经销商提供毛衣，他为人幽默，非常善于说服客户，而且在设计方面又极富灵感，所以多年以来，这家经销商对史蒂夫的工厂设计和生产的毛衣感到满意，如果说史蒂夫有什么不能让自己的客户感到满意的话，那就是——他总是拖延！

如果说合同规定是一个月交货的话，史蒂夫总是会拖上一个星期，有的时候甚至更长。关于这一点，经销商方面已经多次提出意见，可是史蒂夫每次总是能够说服对方，让对方相信自己“下次再也不会出现这种情况了”！

就拿这次来说吧，其实在内心深处，史蒂夫也知道自己并非不可能在一个星期内为客户提供二百件毛衣，只要把每天的工作时间延长四个小时，同时再把那些兼职工人在一个星期的时间里调整为全职工作的话，他就完全可以在规定的时间内完成任务。

到了这天晚上，史蒂夫还是怒气未消，自然也没有决定是否要答应客户的要求。在他看来，在过去的许多年里，自己已经为这家经销商赚了不少钱，他甚至相信这家客户已经离不开自己了，所以他决定再拖上一拖……

第二天中午的时候，史蒂夫终于不疾不徐地拿起了电话，“喂，玛丽，我想告诉你……”

“史蒂夫先生，真的非常抱歉，由于今天上午没有等到您的电话，我们老板已经准备寻找新的合作伙伴了，他们现在正在会议室签约，所以暂时不能接您的电话，请您原谅！”

“什么？！”还没等史蒂夫开口，那边就挂断了电话……

那么我们该如何利用右脑的形象思维来帮助自己克服拖延习惯呢？

我们应该利用自己的右脑进行“后果想象”。具体来说，在每次接到一项任务，或者是为自己安排一件工作的时候，我们应该立即在大脑中想象出任务完成后的结果，以及任务没有完成将导致的后果。这会在我们开始工作或者在完成工作的过程中不断给我们良性的心理暗示，从而督促我们尽快完成工作。

比如说，如果客户打来电话，希望你能在下周一早上把最新的产品说明书发给他一份。由于最新说明书的页数比较多，而且需要督促技术部门进行最后的修改，所以你想先把这件事情放一放（注意，这是拖延者的典型心态和行为习惯）。在这种情况下，你通常有两种选择，它们所带来的后果是截然不同的。

你可以选择忽略眼前的问题，暂时把说明书的事情抛之脑后。当然，在内心深处，你也明白这样可能会让你的公司损失一家重要的客户和每年几百万美金的利润，但你并没有把这件事情放在心上——毕竟，公司的利益对你个人来说可能并没有那么重要。

你也可以在决定把这件事情“放一放”的时候仔细考虑一下这种做法的后果：客户可能会心生不悦，他们可能会转而光顾别的公司，也可能会向你的上司提出投诉。如果是前者的话，你的公司将因此损失几百万美元，而你手中所持有的公司股票将可能因此小幅缩水；如果客户向你的上司投诉的话，你可能会因此遭受一顿训斥，或者严重的时候，你可能因此而不得不承受一定的经济损失——而要想避免这一切，你所需要做的，就是发一份传真了。

我相信，当你在大脑中清晰地刻画出这两种后果的时候，马上采取行动应该就不难了。

孤注一掷的史蒂夫

忙碌了三个星期之后，史蒂夫终于为自己的工厂找到了一家新的客户——诺世通服装公司。由于服装展览会刚结束，很多服装经销商都不急着寻找货源，在这种情况下，史蒂夫也是费了九牛二虎之力才获得跟这家公司老板马丁见面的机会。

“一定要抓住这次机会！”等电梯的时候，史蒂夫对自己说道，“否则的话，我的工厂就要倒闭了，那可是我十几年的心血啊！”

谈话进行得很顺利，因为马丁非常欣赏史蒂夫的设计，所以他很快就答应交给史蒂夫一部分业务，并希望他能够在三天的时间里拿出最新风格的样品，如果延迟一天的话，所有的研发费用（包括购置新型机器的花费）都将由史蒂夫自己承担。

“没问题！”史蒂夫大声地承诺道。回到自己的办公室之后，史蒂夫马上拨通了秘书的电话，命令她在明天中午之前把最新型的针织机器运到厂房里，“我知道这将用尽我们账面上的所有资金，但我们必须孤注一掷！”挂了电话之后，史蒂夫马上写下了一行大字，并立即让人把它复印，然后挂满了工厂的每个角落，半个小时之后，几乎所有的工人都看到了这样一条标语——孤注一掷，繁荣或者死亡！

在这天下班前举行的员工会议上，史蒂夫这样告诉自己的员工：“就在两个小时前，我做出了一个决定——把我们账面上所有的资金拿去购置了一台新式针织机。现在，我们具备所有的条件（机器、技术、设计、员工)，只要能够在规定的时间里拿出产品，我们就会接到比以前更多的订单，而只要延迟一天，我们的工厂就倒闭了。坦白的说，到了那种情况，我根本就发不出工资了！”

就这样，在随后的三天里，史蒂夫脑子里只有一个想法，“这是我最后一次机会了，如果这次失败，我只能破产！”他甚至让人做了个大牌子，上面写着“破产”两个大字。

就这样，在“破产”的威胁下，史蒂夫终于在第三天下午拿出了新的产品，成功地挽救了自己的公司！

第三条　给自己找个潜在的竞争对手

适用症状：

★工作毫无动力

★缺乏斗志

★公司现行政策无法对自己形成足够的激励

★为人比较好强

美国西雅图市著名的帕克鱼市是一座闻名全球的鱼产品交易市场，但跟大多数鱼产品交易市场不同的是，真正使帕克鱼市如此出名的，并不是这里的鱼产品本身，而是那些在这里工作的鱼贩们：他们终日充满热情，活力四射，给所有来过帕克鱼市的人留下了深刻的印象。

看到这个现象之后，一位著名的管理学家还为此专门制作了一卷录像带，教人们如何在工作中寻找乐趣，并进而激发自己的工作热情。

与此形成鲜明对照的是，我们会发现，在很多办公室里，大多数员工都无精打采，尤其是星期一的时候，虽然很多公司都尝试过通过组织 TGTM（*Thank God Today's Monday*，感谢上帝，今天是星期一）等活动的形式来激发大家对于工作的热情，但人们还是对工作持一定的排斥态度，他们很难对自己的工作产生真正的兴趣。事实上，自从团队作业这种工作形式出现以来，激励就始终是一个无法回避却又始终没有得到彻底解决的问题。

古希腊的一位哲人曾经说过，这个世界上没有两片完全相同的树叶。事物的差异并非仅仅存在于树叶，人类也是如此，由于人与人之间存在着极大的个体差异，所以管理者们很难找到或者制定出能够对所有员工产生同样激励作用的政策或制度，而员工也不可能指望公司的激励政策完全符合自己的性格特点，能够充分激发出自己的斗志。

在很多时候，要想通过激励的方法取得进步，我们必须学会自己激励自己，毕竟，能够了解我们真正需要的，只有一个人——那就是我们自己。

熟悉体育比赛的人都知道这么一个道理：对于任何一场比赛来说，对抗性越强，它所吸引的观众就会越多，这是因为，在每个人内心当中，都有一种征服的冲动，一种赢的欲望。这是一种本能性的欲望，它甚至存在着真正意义上的人类开始出现之前。

我们前面说过，由于员工之间存在于明确的个体差异，所以他们很难制定出一套适用于所有员工的激励体制，但另一方面，我相信大多数人都不难同意这样一个观点：最成功的激励制度应该是那些最贴近人心的制度，也就是说，最成功的激励制度应该是顺应人心的。

这个道理也同样适用于个人，由于“征服”、“竞争”等心理存在于普遍的人性之中，所以我们发现自己实在无法对眼前的工作产生热情，但又由于各种原因而不能改变自己工作的时候，我们就可以尝试为自己确立一个竞争对手——在内心深处，我们时刻告诫自己，一定要打败眼前的这个竞争对手，我们要把跟对方的竞争当成是一场比赛，为了赢得这场比赛，我们必须全力以赴，不遗余力。

打败比尔

刚刚加入这家公司第一天，鲍勃就开始感到了巨大的压力。根据公司的规定，公司销售部所有人员（售后服务人员除外）的底薪都将被减少一半，与此同时，销售员将根据自己完成的销售额进行层进式提成。也就是说，如果一名销售员当月完成了10万美元的销售额的话，他可以享受10%的提成；如果完成了20万美元的销售额的话，他就可以享受15%的提成，以此类推。最后，鲍勃算了一笔账，如果他能够在某个月完成50万美元的销售额的话，他当月的收入就可以达到15万美元！

但另一方面，公司也规定，如果一位销售人员连续3个月销售额没有达到5万美元的话，他就很可能会被公司解雇，也就是说，对于这样的销售员，公司甚至不愿意支付底薪。

可是这项政策似乎并没有对鲍勃产生应有的影响，他依然我行我素，不喜欢登门拜访客户，甚至不愿意给客户打电话，实际上，在内心深处，他始终对销售员存在着一种偏见，认为销售就是骗人，销售员所做的，就是用一堆花言巧语哄骗客户打开钱包，所以每次跟客户接触的时候，鲍勃心里都会感觉很心虚，仿佛客户已经看穿了他的心思，正在心里嘲笑他……

可想而知，鲍勃在公司里是多么痛苦，每天一到办公室，看到公告牌上的“每日销售记录”的时候，鲍勃都会感觉非常尴尬——因为他总是停留在最后一名。时间一天天过去了，鲍勃也感觉自己不能一直这样下去，可是他实在无法说服自己拿起电话……

有一天，正当鲍勃走出电梯的时候，他看到了自己的同事比尔，跟鲍勃相比，比尔简直是个天生的推销员，他的性格非常外向，嗓音洪亮，总是咄咄逼人，而且非常善于说服对方。看到比尔之后，鲍勃赶紧跑上去打招呼，希望能跟比尔好好讨教一下推销的经验。

可是让他感到出乎意料的是，比尔居然装出一副没有看到他的样子，只见他一边对着手机讲话，一边摇晃着脑袋走进了电梯。看着电梯的门慢慢关上，鲍勃突然感到了一阵触动，他在心里也暗暗做出了一个决定……

就这样，在那天之后，鲍勃好像完全变了一个人，他开始认真地研究公司的产品特点，跟同类产品进行对比分析，并把公司产品和其他竞争产品的广告看了一遍又一遍，他的电话也骤然多了起来，最高峰的时候，他居然拿着话筒整整推销了一天！

渐渐的，他的客户多了起来，并且有很多客户还会向他推荐新的客户，有的客户甚至开始把自己的朋友介绍成为鲍勃的客户……就在加入公司的第 6 个月，鲍勃成了公司的王牌推销员，他当月的收入也达到了 12 万美元！

新来的推销员开始频繁地向鲍勃讨教“推销秘诀”，有人甚至开始趁他不在的时候跑到他的办公室，看看里面到底有什么秘诀（可是除了办公桌上的那张比尔的照片之外，鲍勃的办公室跟其他人并没有任何的不同）。对于这一切，鲍勃似乎也并不在意，他日复一日地工作，销售业绩也早已突破了每月 50 万美元的极限。

在这一年的年底，公司决定提升鲍勃担任公司的销售总监，并为他举办了一场酒会，正当酒会进行到一半的时候，有人突然嚷着要鲍勃告诉大家自己转变的秘密。

“这个并不难！”只见鲍勃脸上仍旧挂着平日的微笑，“我知道有很多人进过我的办公室，他们甚至发现了我在自己的办公桌上放了一张比尔的照片，这些人差一点就发现了我的秘诀！”

说到这里，鲍勃稍微停顿了一下，正当迫不及待的人们想要催促鲍勃接着往下说的时候，鲍勃从口袋里拿出了那张照片，“你们看到的，只是这张照片的正面，而真正的秘诀就在它的背面。”只见鲍勃一边说着，一边把照片翻了过来，后面赫然写着四个大字：“打败比尔！”

需要提醒读者注意的是，在确立对手的时候，我们必须把握好以下几点：

首先，对方并非我们真正的对手。由于各种原因的限制，没有一个人可以在所有方面超越所有人，我们大多数人都只能在某一方面取得一定成就。事实上，对于任何一个人来说，最大的竞争对手都是他自己，我们最难超越的其实是自己，而进步的过程本质上就是一个不断超越自己的过程，所以如果你是一个渴望进步（而不单单是打败某个人）的人的话，你首先就应该把今天的自己定为对手，并且把超越今天的自己确定为明天的目标。

其次，对手不等于敌人。正如我们在前面谈到过的那样，确立竞争对手的主要目的是为了更好地进行自我激励，而不是为自己树敌。根据俄罗斯著名的心理学家巴甫洛夫的观点，“进步的关键在于实现能力范围之内的突破”，最佳的竞争对手是那些业绩略高于我们的人，只要努力一下，我们就可以达到他们的水平，只有跟这样的对手竞争，才能帮助我们尽快地取得进步。

最后，竞争一定要公平。确立竞争对手的目的并不是要打败对方，所以在日常工作过程当中，我们千万不可为了打败自己的对手而不择手段，那种做法对个人并无裨益，而且最终很可能会给整个组织的利益带来损害。

第四条　做好准备工作

适用症状：

★常因准备工作不足而无法立即开展工作

★常因准备工作不足而不得不暂停工作

在我的童年时代，有一种被称为“家电维修”的维修站，这些维修站的规模都不大，通常坐落在街道的拐角，或者是小区的大门口。

一般情况下，几乎每个小区都会有一家“家电维修”，对于那个时候的很多家庭来说，这些维修站已经成为日常生活中不可缺少的一部分了。

每当家里的电器出了任何问题的时候，我总是会主动要求去打电话，请电工过来帮助进行维修。看着电工们工作是我童年最主要的乐趣之一。

他们总是随身带着一个工具箱，每次看到他们的工具箱的时候，我就会联想到日本动画片《哆啦A梦》里的哆啦A梦的那个万能口袋，他们好像总是能从里面找到任何自己需要的东西，并在瞬间解决自己需要的问题。

如果没有了这个工具箱，电工们就什么也做不了！这是我在童年得出的一个最简单的结论。从那以后，这个结论一直在指导着我的生活。

众所周知，无论做任何工作，我们事先都需要进行一定的准备。实际上，在日常工作和生活当中，我们却经常由于没有做好准备工作而无法开始，或者是不得不中止一项工作。

还有一些时候，由于准备工作不够充分，我们常常被迫放弃一次宝贵的机会，乃至为此付出惨痛的代价。

寒号鸟劳拉

传说寒号鸟是这个世界上最懒惰的鸟。当秋天来临，各种鸟类都在为过冬准备食物或者是修建巢穴的时候，寒号鸟却仍旧整天悠闲度日，全然不考虑自己到了冬天以后该怎么办。即使已经制订了筑巢的计划，寒号鸟还是拖拖拉拉，不肯着手施工，一旦到了冬天，它往往只能在寒风中哀鸣了。

劳拉经常被同学们称为寒号鸟。虽然已经过了圣诞节了，大部分同学都已经找到了工作，可是劳拉似乎并不着急，虽然她也早已经在心里想好自己应该怎样制作简历，怎样联系公司，甚至包括怎样为面试做准备，然而她始终没有开始动手。

非常奇怪的是，劳拉自己也不知道为什么会这样，有好几次了，当她想静静地坐下来，准备为自己做一份精美的简历的时候，她总是发现自己忘记准备一些东西。有时候是因为打印机没纸了，有时候是因为她没有准备好照片，还有的时候是因为她没有事先把自己的各项证书扫描成电子文件，一到了这个时候，劳拉总会对自己说："好吧！我明天就去找位摄影师，为自己照一张漂漂亮亮的照片！"可是转眼又一个月过去了，劳拉的简历还是没有完成。她已经因为这样错过了好几次面试机会，可是一回到自己的房间，她还是能够找到各种理由把做简历的时间拖后……

从整个工作的执行过程这一角度来说，准备工作的意义在于：

首先它可以让我们进入状态。从接受一项任务到开始执行，这中间总是会有一个连续的心理过程，而这一过程的第一阶段，就是心理状态的调整和就位。

早在自己的童年时期，富兰克林就喜欢“打小算盘”。有一次，他准备和小伙伴们一起在河边修建一座水坝，这个建议得到大家的认可之后，富兰克林所做的第一件事情不是搬运材料，而是坐下来跟大家一起讨论修建水坝的整个过程。

两个小时过去了，随着讨论的进行，一座成型的水坝开始在小伙伴们的脑海中浮现，大家的工作积极性也因此而越来越高。

其次，它可以让我们在工作中保持情感上的稳定。准备工作实际上是一个酝酿情感的过程，在这个过程当中，我们会逐渐对自己手头的工作产生兴趣，进而更加投入到眼前的工作当中。毕竟，大多数人对于新事物都需要一定的适应期，如果能够在准备工作的过程当中度过这段适应期的话，那我们就可以更好地开展工作。

而且如果前期的准备工作适当的话，我们就很容易在工作的开始阶段性取得阶段性的成绩，这也会鼓励我们继续努力，从而把工作更加富有成效地开展下去。

再次，可以使我们的工作更有规划。这一点对于那些通过团队方式开展作业的工作尤其重要。对于整个团队来说，准备的过程就是一个确立项目的过程，这个过程通常会包括明确任务、划分职责、组建团队、作业分工等。

通常情况下，如果没有明确的分工，团队作业根本无法进行，而且由于作业过程当中会出现各式各样的问题，所以如果在开始工作之前没有经过慎重准备的话，整个过程很可能根本开展不下去。

最后，充分的准备可以使我们的工作保持连续性、更高效。如果没有经过充分的准备，我们很可能会在工作过程中经常被迫停止眼前的工作，这无疑会给我们后续的工作造成影响。

想想看，如果你正要给客户发送一份紧急传真的时候，突然发现自己的传真机还没有修好；如果你在准备打印文件，好在下午的会议上向高级管理层做报告的时候，突然发现打印纸用完了，你的心理会受到怎样的影响。

除了沮丧外，你很可能不得不暂时停止手头的工作，如果情况严重的话，你还可能会因此而不得不放弃某件工作，这无疑会给你带来一定的损失。

黛安娜的建议

“不能再拖了！”当再一次因为没有准备简历而错过面试机会的时候，劳拉终于下定了决心要改变这一切。

作为改变的第一步，她首先来到了学校的姐妹会（一个专门为女学生就业提供指导的组织）。这里的辅导老师黛安娜是她在学校舞会上认识的，虽然黛安娜的年龄比劳拉大很多，不过她们已经成为了很好的朋友，更确切地说，劳拉已经把黛安娜当成了自己的忘年之交。

“黛安娜，”劳拉沮丧地说道，“我不知道该怎么办？你能帮帮我吗？”

“是不是找工作遇到了麻烦啊？”黛安娜好像早就预料到劳拉回来找自己的目的，“一定是你觉得自己没有做好充分的准备！”

“是这样的，黛安娜，主要的问题在于，我似乎总是不能做好准备，比如说做简历吧！每次当我想静静地坐下来，开始准备一份简历的时候……”

“你总是会发现自己有很多事情没有准备好。”黛安娜接着说道。

“咦！你怎么知道的？”劳拉一副惊讶的表情，“确实是这样的。”

“虽然我跟你认识的时间并不是太久，可是我觉得自己已经相当了解你了，亲爱的劳拉。为什么不尝试一下工具箱呢？”

还没等劳拉反应过来，黛安娜又接着说道，“工具箱就是指完成一件任务所需要的全部准备工作。对于不同的人来说，工具箱有着不同的含义，就你的情况来说吧！你的工具箱应该包括你的照片、打印纸、装订机，还有一些证书的电子版。”

听到这里，劳拉好像突然明白了什么，她突然大叫起来：“我明白了，一旦所有这些东西都准备好了，我就没有理由再继续拖延了，太棒了，谢谢你，黛安娜！”

黛安娜微笑着抱了抱劳拉，然后对她说道：“去吧！好孩子，我等你的好消息！”

第五条　把截止日期提前

适用症状：

★总是在最后日期之后完成任务

★无法为自己确立足够强的紧迫感

★工作任务非常重要，拖延可能会造成严重损失

好莱坞传媒大亨巴瑞·迪勒曾经被其手下的员工称为“吸血鬼”，其以善于督促员工而闻名一时。在担任派拉蒙影业公司总裁期间，巴瑞·迪勒留给人们印象最为深刻的一句话就是，“抓紧时间，忘记上映日期吧！我们的工作就是要尽可能地完成手上的工作！”

在很多时候，为了督促员工尽可能提前完成工作，巴瑞·迪勒甚至会采取一些极富孩子气的做法，比如说他会给制作人员发一张假的计划表，把所有工作的完成日期都提前一到两个星期。在面对手下的一名高级经理对这一做法的质疑的时候，巴瑞·迪勒这样说道：“这样的话，即使他们耽误了工期，我们还是有时间进行补救。”

事实上，把截止日期提前从而克服拖延问题的做法不仅是在电影业，甚至是在整个传媒业都极为盛行。我们知道，报纸媒体的截稿日期通常是在一天的工作结束之前——这显然不是真正的结束日期，但这种做法的确可以保证记者们及时把稿件送到编辑的办公桌上。而相比之下，软件公司经常会在产品发布之前的几个月，甚至几年，就把消息公之于世，这一方面无疑会给新产品的上市带来一定的影响，另一方面也会在无形之中给产品的研发人员带来巨大压力，从而可以保证产品的上市时间。

从心理的角度来说，“将截止日期提前”的意义在于它可以极大地提高一个人心理上的紧迫感。大多数人都倾向于首先完成那些比较紧迫的任务（当然，理论上来说，“首先完成最重要的任务”似乎是更为合理的选择），所以当你向团队的某位成员交代一项任务的时候，如果你能够有意识地把截止日期稍微提前一些，这样就可以有效地增强对方心理上的紧迫感，从而提高其工作效率。

如果你觉得自己是一个经常拖延的人的话，我建议你也可以尝试一下采用这种方法，比如说，你可以把自己完成某项作业的时间提前，或者是在有限的时间里为自己安排更多（超出了必要的工作量）工作，从而达到增强紧迫感的目的。

对于那些即使了解截止日期，却还是不能按时完成任务的人来说，“将截止日期提前”无疑具有尤其重要的意义。这些人往往有一种非常奇怪的心理：他们总是喜欢在截止日期之后一段时间里再去完成工作，好像这种做法能够给他们带来一种难以表达的快感。

这种情况并不少见，比如说我们经常可以看到小孩子一到晚上就会拖延着不肯上床睡觉，他们总是会央求自己的父母让自己再晚十分钟上床，在对付这种孩子的时候，那些有经验的父母往往会采用“将时钟拨快半小时”的做法，事实证明，这种方法确实非常有效。

除了能够增强紧迫感之外，“将截止日期提前”的做法还有利于保证工作质量。习惯于拖延的人通常总是会赶在最后一刻才去拼命完成工作，很多情况下，他们甚至不得不精简工作中的某些步骤或者是一些细节性的内容，这自然会影响到他们的工作质量。

从管理者的角度来说，面对下属在最后一刻完成交来的结果，即使他们意识到其中存在着问题，也很可能会因为时间不足而放弃对其进行修改（因为这将意味着他们不得不把整个工作进度推迟），结果自然就会不可避免地影响最终的工作质量。

相反，如果管理者能够注意到发生这种现象的可能，并在做出规划的时候就把截止日期进行一定的提前的话，他就可以为自己空出一个“缓冲期”，这样他就可以在发现问题的时候及时采取措施进行补救，甚至还会有时间把所有不合格的工作舍弃重新做起，从而保证工作质量。

将截止日期提前的做法在软件行业也已经成为惯例。微软公司的软件测试期可以长达几年时间，该公司 Windows 2000 系列产品预计于 2000 年上市，可是据说在公司的内部研发备忘录上，该产品的研发截止日期大约是 1997 年，这也就意味着，早在产品上市之前的三年时间里，成型的产品就已经被研发出来了。

接下来的三年时间主要是用来进行测试和补救，在软件开发过程当中，测试阶段是一个非常重要的阶段，它所需要的时间甚至不亚于软件开展所需要的时间。所以相关软件工程师们大都坚信他们的产品是经得起考验的，因为他们相信，三年时间的“缓冲期”足以解决软件开发过程中所有可能出现的问题。

最后，如果在把截止日期提前之后，员工仍然不能完成任务的话，那管理者就要考虑目标设定的问题了（关于目标设定，我们将在后面的内容详细谈到）。因为在这种情况下，除非你所聘请的员工过于缺乏责任感，否则很可能是因为你所设定的目标不够符合实际，它所需要的时间可能远远超出你的想象，或者你并没有对员工进行充分的培训，帮助其掌握完成该项工作所必需的相关技能。

老舒伯特的闹钟

阿迦伦公司成立于1989年，它的主要业务是为近年来成立的许多中小型企业提供计算机维修服务。

由于当时对很多人来说，计算机还是一个比较新鲜的玩意儿，所以那些为员工配备计算机的新兴公司经常需要对员工进行计算机知识培训，而且还会专门把计算机维护和修理业务承包给那些专业的服务公司。

在这种情况下，技术精湛的阿迦伦公司的业务自然也就比较繁忙，几乎公司所有的工程师的工作日程都排得满满的。

对于服务公司来说，最重要的就是态度，而客户衡量阿迦伦之类公司的服务态度的一个重要标准，就是他们提供服务的时效，也就是说，所有的客户都希望阿迦伦公司能够在许诺的时间里把故障的机器修理好，以便使自己的员工能够尽快利用计算机开展工作。

刚开始的时候，由于计算机还没有完全普及，使用计算机的人也不是太多，所以阿迦伦公司的维修工程师们总能在约定的时间里赶到客户那里，很快解决问题，并就今后使用过程当中应该注意的问题与客户进行一番交流。可想而知，几乎所有的客户都对阿迦伦的服务感到满意，并开始把更多的客户介绍给他们。

随着阿迦伦公司的客户数量日益增多，公司服务上的一些问题也日益暴露出来：一些工程师开始对小客户态度冷淡，经常把预约维修日期一拖再拖，而且即使已经定好了日期，他们也很可能会爽约。

根据公司在 2001 年的一份客户统计数据显示，阿迦伦公司工程师的实际维修时间通常比约定时间延迟两个小时，也就是说，如果一位工程师跟他的客户约定上午 10 点前去维修的话，他通常会在中午 12 点的时候才赶到客户那里。

考虑到随着计算机服务市场的不断扩大，越来越多的维修服务提供商开始加入这个行业当中，阿迦伦公司总裁迈克尔感到问题已经相当严重了。于是他决定聘请公司以前的模范员工，去年刚刚退休的老舒伯特先生回来担任公司的客户服务顾问，希望他能够帮助解决工程师一再延迟服务的问题。

“这个问题简单！”刚刚听完迈克尔的说明，老舒伯特马上就说道，“你只要给那些受客户投诉比较多的工程师发一台舒伯特闹钟就行了！”

“舒伯特闹钟？”迈克尔一脸迷茫，“什么意思？”

“哈哈，这可是我们家的传统，”老舒伯特笑着说道，“可能你曾经听说过，在我的祖父还是孩子的时候，他曾经有一段时间经常要穿越小巷给人送信。刚开始的时候，因为不是很熟悉道路，再加上有时天气不是很好，所以他经常迟到，对于那些习惯于早晨看报纸的订户来说，他们觉得这简直是难以忍受！

“于是我的祖父后来就想出了一个办法：他在自己的闹钟上动了一下手脚，加大了发条的弹簧，结果闹钟就会在夜里的时候不知不觉地加快速度。就这样，到了第二天早晨的时候，即使他仍然在六点钟起床，也不会耽误送报纸的时间了。”

“为什么他不直接把闹钟拨快一小时呢？”迈克尔问道。

“那样他仍然能够知道真正的时间，如果是那样的话，他就很可能会把起床的时间延迟一小时，结果仍然会迟到……”

回到公司之后，迈克尔派人采购了一批老式闹钟，请专门的钟表专家悄悄地调整了一下发条，然后把这些闹钟发给所有负责向客户提供维修服务的工程师们。没过多久，阿迦伦公司延迟服务的现象就得到了彻底解决。

第六条　给琐事留出足够的时间

适用症状：

★总是因为要处理各种琐事而耽误时间

★对重要的事情怀有一种恐惧感

★主动放松自己的紧迫感，让自己以处理琐事的方式磨蹭时间

在开始本部分的讨论之前，我们首先需要对“琐事”这个词给出明确的定义。需要声明的是，在接下来的讨论当中，所谓的琐事，就是指那些与当前工作并没有太大关系，却又会耗费大量时间的工作，它与准备工作有着本质性的区别。比如说，如果你本周的主要工作重点是准备一份市场分析报告的话，那所有必要的信息搜集以及访谈工作就不能被视为琐事。

对于那些饱受拖延之苦的人来说，危害最甚的敌人不是时间不够，而是分配时间的观念不正确。很多人都明白这样一个道理：在开始进行工作的时候，最先应该着手的，并不是那些最紧迫的事情，而应该是那些最重要的事情。

可是在现实生活当中，我们却发现人们并不一定能够做到这一点，很多喜欢拖延的人总是会先去做那些比较琐碎的事情，而相比之下，那些最重要的事情经常会被放到最后去完成。很自然地，这经常会导致工作无法按时完成。

首先，在很多工作中，那些最重要的往往需要耗费大量的时间（当然，也有一些虽然非常重要，却不需要花费太多的时间的），在这种情况下，如果进行工作的人把大部分时间用在一些无关紧要的琐事上面的话，他必然就没有足够的时间来集中精力完成那件最重要的事情。等到了截止日期的时候，他也就无法做出令人满意的结果，从而导致工作无法按时完成。

其次，先做琐事往往会影响一个人的工作质量。这是非常明显的，想想看，如果在接受了一件重要工作之后，你不是马上动手去做，或者立即开动脑筋进行思考的话，你就明显没有在心理上对其重视起来。在这种情况下，即使这件工作对你来说并不困难，你也很难以自己力所能及的最高水平来完成它。

除此之外，先做琐事必然会耗费你大量时间，所以当你真正开始着手重要工作的时候，你完成工作的时间就比预定时间短了很多，工作质量自然也很可能会受到相对的影响。

最后，先做琐事对人的自信心会构成严重的打击。从外部因素来说，先做琐事的人会因为完工时间、工作质量等因素而受到上司的批评，这自然会带给他一定程度的打击，如果再考虑到外部竞争因素（因为他的竞争对手往往会带给他很大的压力）的话，他的自信心会进一步受到打击。而且由于该人始终不敢去面对困难，时间久了之后，就会养成一种惰性，这种惰性就会使他进一步丧失面对困难的勇气，自然也就会影响到他的自信心水平。

既然如此，为什么很多人还是会在琐事上浪费大量时间呢？原因主要有以下几点。

第一，把时间浪费在琐事上的人往往缺乏清晰的时间概念。他们经常是想到一件事情就去做一件事情，哪怕手里的工作只做到了一半。这种人往往缺乏完整的工作意识，他们只会做事，而不是在完成一件工作，对这种人来说，重要的是“忙个不停”，而不是“完成任务”。

第二，他们对自己手头的工作缺乏清晰的判断。这里的判断包含两个层次的含义，一个是指对于时间要求的判断，先做琐事的人经常会突然想到要去做一件事情，这时他就会忘记自己手头的工作需要在什么时候完成，这也正是他们连想都不想就可以放下手头工作的心理原因。

另一个是指对于重要的判断，先做琐事的人往往不会去衡量“自己突然想要去做的事情”跟“自己正在做的事情”之间的重要程度，他们似乎觉得所有的事情都很重要，所以自然也就不会为自己的工作安排出先后顺序了。

第三，他们没有意识到自己的工作可能会对别人产生的影响。先做琐事的人相对比较缺乏团队意识，那些采取生产线方式进行作业的人永远不会有机会先做自己的琐事，因为每一道工序都是相互联系在一起的，如果一个人的工作没有完成的话，下面的环节就会立即受到影响，在这种情况下，强大的团队管理系统以及团队作业意识使得人们不可能先去做自己突发奇想的琐事。

而相比之下，只有当一个人内心并没有团队作业的观念，或者说他并不愿意对整个团队的作业进度负责的时候，他才可能会信马由缰地开展工作。

在人们就这一问题展开讨论的时候，很多人经常会提出这样一个问题：那我们应该怎样对待琐事呢？毕竟，琐碎的事情，一旦被提上了日程，也是早晚需要处理的。要想在处理完琐事的情况下按时按质地完成那些比较重要的工作，主要有以下几个方法。

首先，要分清工作的重点。虽然我们每个人每天都会接受大量的工作，但这些工作的重要程度以及时间要求都是各不相同的。对于那些比较重要而且比较紧迫的工作，我们需要立即动手完成。在这个时候，其他的工作都应当被放到稍后的位置，我们要集中精力应付眼前的工作，在这些工作得到彻底解决之前，我们根本不需要去考虑其他问题。

其次，一旦最重要而且最紧迫的工作完成之后，我们就可以把精力转移到那些同样重要，但却不那么紧迫的工作上。即使我们因为处理重要的工作而耽误了一些时间，或者是遗留了一些紧迫但却不是那么重要的工作没有处理，也不会给我们的工作带来多大损失。

当然，如果时间允许的话，我们还可以在那些重要的工作结束之后，抽出一部分时间来处理那些不是非常重要的事情。

要想真正做到上面所谈到的，我们就必须学会为自己的任务列出次序。在这一方面，人们最经常犯的一个错误就是：他们会把紧迫的事情和重要的事情搞混。事实上，紧迫的事情不一定是最重要的，但最重要的事情却应该被看成是最紧迫的——毕竟，一旦最重要的工作完成了，即使我们因此耽误了那些最紧迫的事情，我们也不会因此而遭受太大损失。

打个比方，你的老板现在想喝杯咖啡，可是你却答应客户要在三分钟内给他回个电话，哪件事情是紧迫的，哪件事情是重要的呢？相信你不难得出这个答案。

最后，要为自己留出处理琐事的时间。记住，我们说“不要为琐事耽误时间”，但这并不等于鼓励你不去理会那些琐事。我们必须承认，在很多情况下，琐事也是必须完成的：缴电话费、买报纸、倒咖啡、整理房间、修理打印机、洗衣服、接孩子、进行体检等，这些事情看起来都很琐碎，可是没有一项是人们能置之不理的。

如何应付这些琐事呢？为它们留出专门的时间，在一种轻松的气氛中完成这些工作，就当给自己放个短假。记住，只有真正处理完了这些看起来并不重要的事情，你在工作的时候才能更加投入。

想到一件做一件

“需要我帮什么忙吗，桑托尔？”看到自己的同事桑托尔一脸忧郁地走了进来，杰森不禁好奇地问道。

杰森是阿瑞森公司的人力资源部主管，除了安排员工福利、职业培训，以及负责招聘新员工之外，他平时的一项主要工作就是为员工提供心理咨询。他非常喜欢这份工作，多年来，随着向他寻求咨询的人越来越多，杰森觉得自己已经成了这方面的专家。

“是这样的，杰森，”桑托尔好像不知道该说什么，“我总是觉得自己有点不对劲，可是又不知道到底是哪里出了问题……”

“那你可以告诉我究竟觉得有什么不对劲的吗？”杰森接着问道。

“什么意思？”桑托尔问道。

“我只是想让你描述一下自己的感受。”

“我的上司总是觉得我做事不够认真，实际上，当我一旦开始认真做一件事情的时候，他又会觉得我速度太慢！”

“怎么会这样呢？”多年的咨询经验告诉杰森，“多提问，少插嘴”本身就是咨询专家所必须具备的一个基本素质。

“上个星期五下班之前，我的上司跟我谈了一次话，希望我能够在工作上更加认真一些。他说我最近写的两份关于液压器市场情况的报告都不是很理想，有很多问题都没有涉及，而且搜集的资料也不够全面！所以这个星期一开始，当他交代我起草一份销售计划书的时候，我就暗下决心要努力把这件事情做好……”

“你是怎么做的呢，桑托尔？”杰森开始鼓励桑托尔继续说下去。

“我首先决定上网找一份标准的销售计划书样本。要知道，虽然我已经帮上司起草过很多份报告，可是销售计划书我还是第一次写！”

“哦！听起来并没有什么不对的啊？为什么你会觉得不正常呢？”杰森接着问道。

“我知道这样做并没有什么不对，问题是，搜索计划书样本花了我整整一天的时间！”

“花了你一天时间？”杰森惊讶地叫了起来，但另一方面，他也好像明白桑托尔的问题究竟出在什么地方了。

“你知道，杰森，”桑托尔说道，“对于我们很多人来说，早晨到办公室的第一件工作就是打开计算机。”

“没错！”杰森表示同意，“我会首先查一下我的邮箱，看看有没有重要的邮件要回。”

“是的，我也一样！大约在9点40分的时候，我终于回复完了邮件，然后……”

“什么？你用了40分钟时间回复邮件？”杰森不禁大叫起来，“好像只有高级经理和销售员才会用这么长的时间回复邮件！”

“其实很多邮件都是不用马上回的，只不过我觉得及时回复是一种礼貌……然后我又帮温迪翻译了一小段文章，你知道，温迪的法语并不是很好。

“就这样，当我正要坐下来准备专心寻找计划书样本的时候，我发现办公室的饮水机里已经没水了，于是我只好打电话叫人送水，并在放下电话之后把自己的办公桌稍微整理了一下……”

“这些听起来好像并不是你的工作！”杰森不禁皱起眉头。

“是的，可是我觉得做这些事情并不需要花费多少时间……”

“我相信，等到你真正开始工作的时候，恐怕都已经是上午11点了。”没等桑托尔回答，杰森就接着说道，“我明白了，以前也有人向我咨询过一些跟你类似的问题。”

“那太好了，杰森，快告诉我，你都给他们提供了些什么建议？”

“我建议他们把所有的琐事都放在一个固定的时间处理！”

“我好像有点明白了，但是杰森，能不能麻烦你说得更详细一点？”

“是这样的，我们都知道，每个人一天的工作状态总是处于不断的变化之中的，比如说我们早上的时候精力一般都比较充沛，而到了下午4点钟左右，我们就会觉得比较疲劳。”

看到桑托尔点头表示赞同，杰森就微笑着接着说道，“所以我总是把像回复那些并不重要的电子邮件、整理文件，或者是拨打维修电话之类的工作放到这段时间去完成！”

“哈哈，这可真是太棒啦！”桑托尔说道，“这样既不会耽误工作，又可以帮助赶走疲劳和困倦，就等于是比赛时候的中场休息！”

“没错，桑托尔，如果你能够为琐事留出足够的时间的话，你就会发现自己的工作效率会大大提高，这样在每天下班的时候，你就会更有成就感了——成就感是工作中一个很重要的组成部分，不是吗？”

第七条　学会模仿别人做事

适用症状：

★无法从手头的工作当中获得满足感

★感觉自己没有为完成当前的工作而接受充分的培训

迈克斯是一家银行的职员，他平时最大的乐趣就是模仿自己的上司说话的语气、走路的姿势，甚至处理问题时的表情以及思维方式。终于有一天，当他的上司因病休假的时候，他被选中来暂时接替上司的职位。

结果等到这位上司因为业绩出色而获得升迁的时候，迈克斯自然成了接替他职位的不二人选——而在刚开始的时候，迈克斯的模仿纯粹是为了好玩。

我们很多人都有模仿别人的习惯，模仿似乎是人类的天性之一。在小的时候，我们就喜欢模仿爸爸妈妈说话的样子，我们跟着他们一起学习吃饭、学习走路、学习他们打电话的样子，甚至学习他们发怒时的表情，“父母是孩子的第一位老师”，这话说得一点儿也没错。

我们大多数人以模仿来获得成长、获得欢乐、汲取感悟，可是很少有人会想到用模仿的方式来克服拖延的习惯。事实上，在美国一些培训机构当中，培训者们经常采用现场教学的方式来帮助学员们学习制定工作计划，并以此提高工作效率，这也可以被视为通过模仿来克服拖延的一个例子吧！

采用模仿的方式来克服拖延是有一定的科学依据的。

首先，由于“对工作提不起兴趣”是导致拖延的一个重要原因，所以一旦人们想出了一种能够让自己对工作感兴趣的方法，他们就很有可能会有效地克服拖延，立即采取行动。

马克·吐温曾经在他的代表作《汤姆历险记》中讲述了这样一个故事。

有一天，汤姆的奶奶让他去粉刷栅栏，这可不是小孩子们爱做的事情，然而聪明的汤姆想出了一个好办法：只见他每往栅栏上刷一下就往后退两步，两只眼睛盯着自己刚刚粉刷过的那一笔，摇头晃脑一番，像是在欣赏一件艺术品一样，然后他会再往前一步，往栅栏上刷一下，然后又退后两步。

很快的，汤姆的行为引起了小朋友们的兴趣，他们纷纷愿意出钱请汤姆吃糖果，条件只有一个，那就是汤姆能够把粉刷栅栏的工作交给他们来完成！

其次，通过模仿别人，我们通常可以找到更科学或者是更有技巧的方式，从而可以在一定程度上提高我们的工作效率。要想做到这一点，关键是要找对模仿的对象，这也正是许多公司纷纷在自己的员工当中推选“模范员工”的主要原因。

据说在20世纪30年代，曾经有一批行为学家到华盛顿附近的一家工厂里进行研究，试图分析出那些效率较高和效率相对较低的员工之间主要有哪些差别。

结果他们发现，员工效率的高低基本上与他们所处的群体有着密切的联系，那些与高效率员工在一起的员工往往也是高效率的；而相对的，低效率员工的周围往往也都是低效率的同事。

最后，模仿可以使人们的工作更加规范。这点在进行生产线式的作业培训时尤为有效。

在20世纪初期，福特刚刚创立生产线作业的时候，他的主要工作就是在每个生产环节实施作业流程的标准化。

他的具体做法是这样：首先，他会找到在这一环节完成工作最为出色的员工；然后让该员工的主管人员对其工作的各个步骤（包括每一个动作）进行分解；在分解完成之后，他让设计人员根据该员工的行为方式对整个生产环节进行改装（比如说，如果他发现这位员工每隔三分钟就要擦一下汗的话，就会让设计人员设法在员工的头顶安装一个小型风扇），然后让所有其他处于同一个作业流程的员工学习模仿该员工的每一个动作细节。

就这样，在经过很短时间的培训之后，整条生产线的员工都在实现标准化的基础上大大提高了作业效率。

不再迟到的税单

对于斯哥特来说，这个世界上再没有比填税单更让人头疼的事情了。一想到那些烦琐的数据，让人眼花缭乱的表格，斯哥特就感到浑身战栗，他甚至感觉自己已经患上了“税单综合征”！

可是另一方面，为了节约，斯哥特也不愿意请专门的服务公司来为自己填写这些表格，毕竟，那也是一笔不小的花销！自然而然的，每当纳税的日子，也就是每个月的 14 号，这一天快要到来的时候，斯哥特就会感到非常头疼，他总是想尽办法让自己的思绪从这件事情上移开，“唉，要是这辈子都不用填税单该有多好啊！”实际上，斯哥特心里也明白，这种事情根本不会发生，要想不再为这件事情烦恼，唯一的方法就是尽快完成它。

虽然心里这么想，斯哥特还是无法强迫自己静下心来去面对纳税单，每次只要一看到这些密密麻麻的表格，他都会感到一阵晕眩，总是会给自己找到各式各样的理由拖延下去：他经常会给自己找一些并不重要的事情来做，或者是会直接把工作延迟到第二天，第三天……

终于，这个月的 13 号到了，于是，可怜的斯哥特只好来到服务公司请人帮忙！

在服务公司的接待大厅里，由于无事可做，斯哥特只好在旁边眼睁睁地看着会计师玛丽帮助自己填写税单。慢慢地，他发觉玛丽的工作也是挺有意思的。当他看到玛丽的手指纯熟地在计算机键盘上飞舞，税单上的表格一个个被填满的时候，他发觉自己从中感到了一种只有在克服困难之后才能体会到的满足和喜悦感。

半个小时过去了，税单也填好了。

“看来，填写税单其实并不是一件困难的事情啊！”斯哥特自言自语道。

回到家里之后，斯哥特又重新拿出了一张税单，他一边回想着玛丽刚才填写税单的样子，一边让自己的手指欢快地在键盘上飞舞着……半个小时以后，斯哥特看着自己已经完成的税单，心里不由产生一种前所未有的满足感。

奇怪的是，自从那天以后，斯哥特再也没有为填写税单的事情烦恼过，他似乎真的已经把填写税单当成了一种乐趣，他的税单总是早早地就填写好，从此再也没有迟到过……

（编者注：在国外大部分国家、地区，居民需要自行填报各类税单缴税，或享有税收减免。）

需要说明的是，虽然模仿别人可以帮助我们克服拖延，提高工作效率，但在进行模仿的时候，我们一定要注意以下几个方面的问题。

模仿一定要选对正确的对象。中国有句俗话，“近朱者赤，近墨者黑”，这句话用在这里是再恰当不过了。正如我们前面谈到过的华盛顿工厂里的试验所证明的那样，由于每个人都具有一定的社会性，所以我们每个人都不可避免地会受到周围环境的影响，这种影响可能是正面的，也可能是负面的。

正因为如此，在模仿别人的时候，我们一定要找到那些能够帮我们改善某个习惯的人。比如说，如果你想要学习填报税单的话，就一定要找一个在填报税单方面比你更加专业的人去学习。

当然，除了专业水平之外，在挑选模仿对象的时候还应该考虑到你与对方之间的情感因素。如果对方本身就是一个你喜欢，甚至有些崇拜的人的话，你就会在感情上更加容易接受他，从而可以更快地模仿，否则的话，你就会在刚开始的时候产生一定的抵触心理。

模仿的时候还应该注意的一点就是，一定要结合自己本身的情况。没有一种行为方式是适合所有人的，所以在进行模仿的时候，你只需要学习那些能够帮助你提高工作效率的动作或者是思维方式，而不必刻意去学习那些事实上无关紧要的因素。

比如说，在日常学习当中，你可以去向那些成绩较优秀的同学请教经验，学习他们的时间分配方式，问问他们对功课的理解方式等，但却不一定非要去模仿他们走路的样子或者是说话的语气。

第八条　学会应用 80/20 法则

适用症状：

★做事不分轻重缓急，喜欢在所有的事情上平均分配时间

★常常因为没有完成重要的工作而遭受损失

★终日忙个不停，却得不到令人满意的结果

80/20 法则又被称为帕雷托法则，是由 19 世纪意大利著名经济学家帕雷托提出来的。说起帕雷托法则，还有一段有趣的故事呢！

还在 1861 年的时候，当时已经在意大利小有名气的经济学家帕雷托到欧洲各国游历。

在游历的过程当中，他发现了一个奇怪的现象，整个社会财富的 80% 都掌握在份额仅占社会总人数 20% 的富人阶层，而那些占社会人数 80% 的穷人，则只能靠 20% 的收入度日。

于是帕雷托就由此深入，对不同时期、不同社会层面的财富分配现象进行了一番探究，结果发现这一比例不仅适用于欧洲，同样适用于欧洲以外的其他地区。

其实，这种现象也不仅仅发生在 19 世纪的欧洲，事实上，它主宰着整个人类发展的历史。

到了大约 1867 年的时候，帕雷托法则开始传入美国，但它的真正影响开始于 20 世纪初期。当时美国的管理学家和销售专家们在自己的研究当中引入了帕雷托法则，他们发现这一神奇的法则在销售和管理领域得到了同样的印证。

根据当时哈佛大学的一位社会学教授对一家公司所进行的研究，该公司 80% 的订单都是由公司的 10 位销售人员争取来的。也就是说，其他所有销售人员加在一起，所争取到的订单只占公司总销售额的 20%。该公司一共有 50 名销售人员，所以它准确地反映了帕雷托法则的有效性。

在我们的日常工作当中也是如此。组织行为学家们相信，在日常工作当中，能够真正带来产出结果的工作实际上只占一个人工作总量的 20%，其他 80% 的工作实际上都是在进行铺垫，根本产生不了实质的结果。

每个人都希望能够最大限度地提高自己的工作效率，这是毫无疑问的，所以一多年来，几乎每个听说过帕雷托法则的人都会提出这样问题：如何寻找工作中的 20%？这也成为了近一个世纪来管理学家们研究的重点领域之一。

那么，帕雷托法则跟克服拖延之间又存在着怎样的关系呢？

我们前面说过，人们之所以会拖延，或者说人们之所以会因为拖延而带来一些严重的后果，通常的原因不外乎有两点：他们感觉自己没有足够的时间，或者是他们没有充分地利用好时间。

我们知道，每个人每天都有 24 小时，不多也不少，每个人所拥有的时间不会随着个人身份或者是个人财富的增加而有所增加，或者随着个人财富的减少而有所减少。问题是，为什么有人总是感觉自己时间不够用，而有的人却能够在同样的时间里做到游刃有余呢？这一问题的答案在于他们不同的时间分配方式。

那些真正能够利用好时间的人，总是会先对自己眼前的任务进行一番分析，也就是说，他们总是会尽力找出自己工作中的那 20%，也就是能够给自己带来 80% 的结果的那一部分。

在找到这 20% 之后，他们就会进行精耕细作，把自己 80% 的时间用来完成这 20% 的工作，力争把这一部分工作做到完美。一旦完成了这部分工作之后，即使没有充分的时间来应付那剩下 80% 的工作，他们的工作业绩也不会因此而遭受太大的损失——毕竟，真正重要的工作都已经完成了。

如何找到那 20% 的工作呢？迄今为止，还没有哪一位经济学家或者是管理学家宣称自己找到了这一问题的答案。他们所做的，只是努力接近正确答案而已。尽管如此，人们还是在“寻找 20%”方面进行了一些有益的总结。

首先，这部分工作应该是对结果影响最大的。对结果毫无影响的工作是不值得去尝试的，事实上，即使这些工作能够对结果产生一定的影响，但如果它的影响可以忽略不计的话，我也鼓励你放弃它。

想想看，如果上司要你去机场迎接一位重要客人，对于这一结果影响最大的要素是什么？显然不是你办公室的布置是否令人满意、你的打印机是否修理好了，或者是你的电话费是否已经缴了……对于迎接客人这项任务来说，关键在于你要准时到达机场，能够及时找到客人，并把他安全而准时地带到你的公司为其预订的酒店，只要能够做到这几点，你的这项任务就得到了出色的完成。

其次，这部分工作应该是无法托付他人的。由于我们每天都要应付大量繁杂的事务，所以在很多情况下，我们不得不把一些工作托付给其他人。考虑到这种情况，我们就必须学会对自己的任务进行分析，找出那些虽然重要，但却必须由你亲自完成的工作，然后把其他工作托付给那些最擅长完成它们的人。当然，如果你时间充裕，而且你本身就比较擅长完成这些工作的话，你也可以自己来完成它。

最后，这部分工作应该是你力所能及的。对于任何一件工作来说，如果你不能完成它，那么无论它有多么重要，或者有多么紧迫，它对你来说都是毫无意义的——因为你根本没有改变它的能力。

所以在寻找那20%的工作的时候，你一定要牢牢把握一个原则：那些你所不能控制的工作永远不应该在你的20%所包含的范围之内，你唯一明智的选择就是立即将它们托付给自己的同事。

忙碌的史蒂夫

史蒂夫总是觉得自己有做不完的事，每天从上班忙到下班，有时候还要经常加班。可是不管他怎么忙碌，每到下班的时候，他还是会发现自己有很多工作没有完成，有时候甚至不得不在距离见面时间只有半个小时的时候打电话推掉跟女朋友的约会。

就在上个星期六的早晨，女朋友向他发出了最后通牒，声称如果史蒂夫以后再出现类似情况的话，她就会毫不犹豫地跟他分手。“可是我确实很忙啊！你也知道……”突然之间，史蒂夫意识到自己已经说过很多次这样的话，现在只要一听到这句话，女朋友就会猛摔电话。

好了，又到了一个周末了，这天一大早，史蒂夫就跟女朋友约好晚上一起去听音乐会。莎拉·布莱曼可是她最喜欢的明星，所以史蒂夫心里很清楚，如果错过这场演唱会的话，那后果将不堪设想。

刚刚在座位上坐定，上司就打来了电话，“史蒂夫，请到我的办公室来一趟！”

“口气好像有点不对！”史蒂夫一边揣测着，一边忐忑不安地来到上司的办公室。

“史蒂夫，请你解释一下，为什么我昨天上午让你给客户起草的传真到现在还没有发出去？”

“鲍默尔先生，我确实一直在忙个不停啊！你知道，我手头正在处理一大堆订单，而且我还要张罗着为公司下个月的网球比赛做准备，同时还要查很多关于新式打印机的数据。你知道，我们部门正准备添置一台新的打印机……”

“我知道了，”鲍默尔不耐烦地打断史蒂夫，“我并不想了解这些，我只想请你告诉我，今天到底能不能把这张传真发送给客户，要知道，这可是一份总价超过四万美元的大订单。”

毫无疑问，在接下来的一天当中，史蒂夫把大部分时间用来搜寻数据，草拟给客户的传真，然后他又在中午的时候把草拟的传真拿给上司批阅。好不容易下午四点多钟，当史蒂夫来到传真机前面，准备给客户发送传真的时候，他突然发现自己居然没有让上司在传真件上签字……

不用说，史蒂夫现在只有两个选择：要么失去这份工作，要么失去女朋友！

王牌销售员的忠告

利兹是奥塞罗汽车轮胎公司最优秀的销售人员，她的主要客户都是家用汽车制造商。

在奥塞罗公司，利兹可是一位真正的风云人物，由于销售业绩出众，她不仅收入颇高，而且在公司内部受到了极高的礼遇；她可以使用公司的A级会客室接见客人，甚至连公司高级管理层都经常向她请教一些关于市场的问题。

据公司内部传言，如果不是因为利兹坚持不肯放弃销售员职位的话，她很可能已经被升职为公司的销售总监了。

和大多数销售员不同的是，人们很难看到利兹慌慌张张地到处拜访客户，她也不会像许多销售员那样一到办公室就拿起电话拨个不停。

跟这些销售员相比，利兹显得镇静、从容多了，实际上，她在大多数时候都是在等着接电话——因为她的很多客户会主动为她介绍更多新的客户。

“不断拜访新客户并不是一种错误的行为，”利兹在公司内部刊物跟大家交流经验的时候这样写道，“但坦白地说，这并不是一个特别讲求效率的做法，尤其对于那些已经建立了一定客户基础的销售人员来说，维护已有的客户关系似乎更加重要！”

“那些曾经使用过我们公司产品的人往往会比较容易接受我们的产品，”利兹接着写道，“而且维护老客户的费用通常要比培养新客户的费用低一些！如果按照帕雷托的 80/20 法则对我们的客户进行细分的话，我们只需要投入 20% 的精力维持老客户，就可以获得 80% 的效果。如果说成为王牌销售员有什么秘诀的话，这就是我的秘诀！”

第九条　学会放弃一些事情

适用症状：

★什么都想做，什么都不想放手

★相信自己无论多忙，总能够抽出时间来安排新的工作

★常常因为承揽过多工作而不得不延期完成一些工作

拖延不只是懒人才有的毛病，勤奋的人也会拖延。跟懒人所表现出来的拖延不同的是，勤奋的人不是不做事，而是做了太多的事——他们总想完成更多的事情，结果却落得很多工作都半途而废。这种人经常有的一个通病就是：在完成工作方面表现得贪得无厌。

我们经常可以看到这样一些人，他们终日忙个不停，而且在时间和精力的分配上也算比较合理，他们的工作卓有成效，效率也非常高。尽管如此，他们还是会被人冠以“拖延大王”的称号。

他们玩命地利用每一分钟时间，想尽方法提高自己的工作效率，希望能在尽可能短的时间里完成更多的工作，可是结果并不能让他们周围的人，以及他们自己感到满意。

之所以会出现这种情况，首先是因为：这些人为自己安排的工作往往超过了他们实际所能承受的工作量。这些人过于高估自己的能力，或者他们有时会对任务的难度以及所需要花费的时间估计不足。比如说他们可能经常会把一些工作想象得过于简单，认为自己完全可以在很短的时间里完成它们，事实上，他们很可能会发现事情并不像自己想象得那么简单。

其次，他们倾向于忽略相关的准备工作。

我自己在准备大学毕业论文的时候就曾经有过一次类似的经历。由于当时还要忙着找工作，我几乎每隔一两天就要去参加一次面试，因为在面试之前通常要进行一些针对的准备工作，我也就不可能在这段时间里准备自己的论文。我当时估计，因为我平时每天的写作速度可以达到每天5000字的水准，所以一篇3万字的文章应该可以在一个星期内完成。而且由于我的论文提纲已经准备好了，相关的数据搜集工作也进行得差不多了，所以我准备先集中精力找工作，到距离截止日期还有一个星期的时候再开始动笔写论文。

可是事情的发展完全出乎我的意料，直到真正开始动笔的那一天，我才发现自己还没有学会论文写作的规范，我不知道该怎么使用引用号，如何加注，如何列举参考数据……太多的细节性内容我都没有了解，结果可想而知。我不得不向学校申请延迟一年毕业，结果连本来已经准备签约的工作也泡了汤。

最后，他们很可能会因此而接到更多的任务，别人对他们的期待也会越来越高。如果你习惯于承揽别人交给你的每一件工作的话，你很可能会接到越来越多的任务。

让我们想象一下这种场景：由于接到了更多的任务，你不得不加班来完成工作。当你完成这些工作之后，你的上司对你的表现感到非常满意，于是下次遇到同样情况的时候，他首先就会想到你。这样的事情反复出现，你接到的任务也就会越来越多。直到有一天，你感到自己已经超出了承受范围，于是你开始想要拒绝或者是敷衍工作，结果你前期辛辛苦苦建立起来的好印象就此结束。

当你觉得自己也遇到了类似情况的时候，你应该怎么办呢？

首先，你应该学会安排好自己的时间。任何一件工作都需要一定的时间来完成，如果没有明确的时间观念的话，你很容易打乱一件工作与另一件工作之间的界限。

所以在为自己的工作安排时间的时候，你必须清醒地认识到这一点，即你每件工作都需要有一个独立的时间单位来完成，一旦在某个时段里安排了一件工作，你就不可能在同样的时段里安排另一件工作。毕竟，你一次只能做一件工作。如果你想着自己可以在做一件工作的同时兼做另外一件工作的话，那么你很可能连一件工作都做不好。

其次，要学会拒绝别人。拒绝并不像你想象得那么困难，与拒绝相比，无法兑现的承诺更具破坏力。想想看，如果你在答应了别人一件事情之后无法及时兑现自己的诺言，那将会产生怎样的结果？你所面对的，将不仅仅是同事沮丧的表情，你很可能会给他带来无法补救的损失，以及他对你彻底的失望。

最后，要学会休息，尤其要明白这样一个道理，事情不是做得越多越好，有些事情只会给你带来更多无谓的困扰。中国有句流传了几千年的俗语，“牵一发而动全局”，这话说得一点儿也没错。

事情总是彼此交织在一起的，在很多情况下，一件事情的完成往往会直接导致另一件事情的开始，所以如果一件事情对你来说并不是那么重要，或者说你完全可以做出更好的安排的话，我建议你还是去好好休息一下，为那些更加重要而且又必须由你亲自来完成的工作积蓄能量。

一个“井井有条”的拖延者

熟悉莱弗利的人都知道他是一个善良的人，很少会让他的朋友们失望，无论什么时候，只要受到邀请或请求，他都会答应。比如说他经常会在朋友心情不好的时候开导他们，陪他们聊天，甚至会整夜地陪着他们。

莱弗利还是一个凡事都讲求条理的人，他每天早上都会抽出大约半小时的时间把所有的事务都整理得井井有条，哪怕洗衣机里只有一件脏衣服，他也会抽时间把它洗干净。而一旦部门有会议，哪怕跟自己一点儿关系也没有，莱弗利都会积极申请参与。

除此之外，虽然工作比较忙，莱弗利还是积极参加了很多业余活动：他是小区网球协会的主力会员，而且经常动员大家一起参加当地的演讲俱乐部……

繁忙而充实的日子似乎总没有尽头，很快地，莱弗利开始对一切失去了热情。对于现在的他来说，不仅在工作的时候总是无精打采，而且就连跟朋友聚会的时候也无法提起精神，更不要说在下了班之后还去参加网球协会或演讲俱乐部的活动了。

没过多久，莱弗利就感觉到同事们纷纷在背后议论他，以往的很多好朋友也渐渐疏远他，俱乐部也开始考虑取消他的会员资格了！

想想哪些事情是不需要做的

埃尔顿在一家时尚杂志社工作，最近刚刚被提升为主编，在就职会议上，他向大家发表了一番奇怪的演讲。

在演讲当中，他谈到，“作为你们的同事，我建议大家应该像我一样，学会偷懒，甚至是投机取巧……”埃尔顿的这句话刚一出口，立刻就引来了编辑们的一阵窃笑——毫无疑问，这样一位主编确实有些出乎他们的意料。

可是更让他们感到意外的事情还在后面呢！

就在演讲结束的时候，埃尔顿让秘书给所有的编辑每人发了一本只有十几页厚的小本子，上面的内容非常简单，几乎每一页都印着相同的内容：请列出六件即使你不做也不会影响你的工作效果的事情。在每页纸的最下方还有一行小字：问问自己，为什么你并不需要做这些事情？

看到大家惊愕的表情，埃尔顿的脸上露出了笑容，“我希望大家好好思考一下，为什么自己每天会那么忙碌。要知道，对于一名编辑来说，我们所需要的是灵感，而不是堆砌。富有灵性，能够在读者心中引发共鸣的文字要远比生硬的堆砌有意义得多！”

这句话在编辑心中产生了不小的震撼，一些人甚至不自觉地点了点头，好像是在对埃尔顿的观点表示同意。

“如果整天让自己忙忙碌碌的话，我们就很难真正在内心深处体会到文字和图片所产生的力量。而且实际上，由于我们所有的工作几乎都需要得到别人的协助，所以如果一个人做了一件其实并不需要去做的工作的话，他就会在无形之中浪费别人的时间，从而影响整个团队的效率。所以我建议大家能够在会后认真思考一个问题：到底有哪些事情是不需要做的？”

说到这里，埃尔顿又顿了顿，并总结道：“我相信，只要我们能够坚持在两个星期的时间里控制自己不去做那些无关紧要的事情，我们的工作质量和速度都会得到提高，这正是我想要的！”

第十条　把任务列张列表

适用症状：

★做事毫无头绪的人

★有时会忘记一些本来应该完成的工作的人

★随时可能会接到新的工作的人

★需要每时每刻对自己的工作进度进行追踪的人

如果下列情形当中的任何一个曾经在你的身上发生过，那么我建议你认真阅读本节内容：

你在一天的工作即将结束的时候突然发现自己还未给客户发传真；

上司走到你的办公桌前，问你为他起草的演讲稿准备得怎样了，这时你突然发现自己根本不记得这件事情；

你准备出国深造，根据你所申请的学校的规定，你必须先参加一项考试，可是当你准备好了一切之后，却突然发现自己忘记报名了；

你跟自己的女（男）朋友约好要去听音乐会，你做好了精心准备，就在要出门的时候，你突然发现自己忘记为她（他）买生日礼物；

暑假终于到来了，你为全家人安排好了去夏威夷度假，明天就要出发了，可是你却突然记起了你明天必须得去参加老板举办的私人派对；

……

别着急，每个人都很可能会遇到这种情况，包括我本人在内。记得在毕业典礼的时候，我曾经用了整整一个星期的时间准备所有的物品：给老师的贺卡，给同学的签名簿，还有送给图书管理员玛丽的小礼物，照相时要穿的衣服，还有一部高级的照相机。可是到了那天，我突然发现自己居然忘记带作为学生代表讲话用的演讲稿，你可以想象当时的情形有多么窘迫。

我们每个人每天都会接收到大量的信息，而且随着人类进入信息时代，我们所接受到的信息会越来越多，在这种情况下，对信息的处理和保存就显得尤为重要。而本节所谈到的任务列表无疑就是信息处理的一种重要方式，实践证明，它也确实能够使我们的工作变得更有条理，能有效解决因遗忘而拖延的现象。

任务列表可以帮助我们理清任务的轻重缓急。把任务列成列表的过程其实就是一种整理思路的过程。只要仔细体会一下我们列举任务列表的过程，就不难理解这个道理。

想想看，当我们把自己今天或者这个星期所有要完成的任务在纸上一一列举出来的时候，我们是不是同时在自己的大脑当中对这些任务进行了一番分类?

不仅如此，当感到自己所列举的任务有可能会超出我们的能力范围的时候，我们就会主动划掉那些非必要的工作。如果可以的话，我们还会把那些不必由我们亲自完成的工作交付给更擅长的人。

如果我们仍然感到自己的任务过多的话，我们就会请示上司，这样他就可以把这些工作分配给其他的人，从而保证它们能够及时完成。

除此之外，任务列表还可以有效地防止遗漏工作的现象发生。在工作的时候，我们的一个主要任务就是确保那些真正重要而且被分配给我们的任务得到及时的完成。但与此同时，我们每天都可能会给自己安排大量的工作，所以要想保证工作当中不至于出现遗漏情况，一个最好的方法就是把自己需要完成的工作记录下来。

要想做到这一点，一个很好的方法就是记事本。虽然大多数人从小学的时候就开始学习如何使用记事本，但我相信，直到长大成人的今天，还是有一些人并不习惯使用它。

任务列表还可以保证我们的工作不会半途而废。

从前山上住着一只猴子，有一天，猴子下山，路过一片玉米田，“这些玉米可真棒啊！”猴子不由得赞叹了一下，于是急忙钻进玉米田里摘玉米。

只见他一边摘，一边把玉米塞到自己的胳肢窝里，摘一个塞一个，就这样不停地忙碌着。等到最后，猴子心满意足地走出玉米田的时候，却发现自己的胳肢窝里只剩一根玉米，“我刚才摘的那些都被谁偷走了？”猴子的内心充满疑惑。

对于那些不得不中途停止一件工作，然后开始另一件工作的人来说，任务清单可以有效地帮助他们把所有的玉米都放到自己的袋子里。

任务列表也有利于在工作完成之后对其进行总结。任务列表不仅可以帮助我们规划工作，还可以在工作结束的时候帮助我们总结其中的心得。

很多家长都会鼓励自己的孩子通过写日记的方式来总结自己每天的生活和收获，这本身就是一种学习和成长的方式，毫无疑问，如果能够通过任务列表的方式对自己每天的工作进行总结的话，我们的工作方式和处理工作的思维方式都会在不知不觉中得到进步。

需要指出的是，我们在这里讨论的任务列表并不是简单的罗列任务，事实上，一张清晰的任务列表不仅应该反映出你一天的工作内容，它还能反映你的工作次序，以及你处理工作的思维方式。

不用担心，规划这样一份工作清单所需要的时间并不长，你每天只要在工作开始之前抽出大约 10 分钟的时间就够了。具体的步骤是这样的。

首先，把所有的工作全部列举出来。拿出一张空白的纸，运用大脑风暴的方式想出所有你今天需要完成的工作，其中包括昨天没有完成、需要今天继续进行的工作，以及那些需要今天开始进行的工作。别忘了翻开你的笔记本，看看是否有已经提前安排好的工作。

其次，划掉那些不必要的工作。在把所有的任务列举出来之后，你的下一步工作就是分析哪些工作是不必要的（包括可以推迟完成的），然后把这些工作从今天的任务列表上划掉。毕竟，你的时间是有限的，所以千万不要再让这些工作占据你宝贵的时间。

再次，把可以托付他人的工作勾出来。如果你今天的任务实在不多的话，我建议你跳过这一步。可是如果你的工作很多，或者说你正面临着一项重要的考试的话，我建议你还是把那些可以托付给他人的工作交给更擅长完成它们的人。

记住，学会请求帮助是办公室生存的一项重要技能，而且请求帮助本身也是一种极好的沟通方式，因为当你向别人请求帮助的时候，你实际上是在表明自己对他们的信任。

最后，为剩下的任务列出完成的次序，同时想想需要进行哪些准备工作。记住，别忘了给自己留出一定的空白时间，因为你的上司随时可能会交付给你一些零碎的新任务。

克雷格的任务列表

克雷格公司是巴西一家颇具盛名的广告公司，在2003年一家杂志进行的评选当中，克雷格公司曾经被公认为是“全巴西最适合为中小型企业提供服务的广告公司”。

不仅如此，根据一家世界著名人力资源培训机构的统计报告，克雷格公司还被列入了“全球两百家最适合成长型人才供职的公司之一”。根据这份报告，克雷格公司之所以能够获得此项殊荣，其主要原因就在于它为新聘雇员提供的培训服务。

根据克雷格公司的培训流程，所有刚刚加入公司的雇员都必须接受为期3个月的阶梯式培训。

也就是说，在刚开始的两个星期里，新加入的雇员将接受全日制的培训，了解公司运作流程，并同时接受关于企业文化方面的培训。

随后是为期两个月的半日制培训，在这两个月当中，新员工将一边投入实际工作当中，一边继续接受培训。

在最后的两个星期里，员工将接受为期两周的拓展培训，主要是培养员工的团队精神，同时加强他们对于企业文化的接受和认可。

不难看出，克雷格公司的半日制培训实际上是一种学徒式的培养。根据公司人力资源部主管阿尔文的介绍，在半日制培训期间，主要的培训内容之一就是“任务列表”。

阿尔文介绍说，在公司刚刚成立的最初3年时间里，管理者们发现，造成员工总是拖延，不能及时完成任务的主要原因并不是懒惰。“事实上，很多时候是因为他们做事没有条理，具体来说，他们不懂得如何安排自己的工作！如果能够顺利通过最初的笔试和面试的话，这些员工在工作能力上肯定是没有问题的，所以在进行培训的时候，我们就会把重点放在培养员工正确的工作态度和工作方法上！”

为了让员工工作得更加有条理，阿尔文所在的部门专门邀请人力资源管理专家设计了一张任务列表。

内容主要分为三个部分：任务分类、任务安排、任务总结。

根据克雷格公司的规定，公司员工将根据项目内容灵活地被划分为多个项目小组，在每个项目小组当中，除了工作内容变动极大的秘书之外，其他所有人都必须在每个星期的星期一填写一份任务列表。

列表的第一部分是任务分类，它的主要目的是向员工传达一种对待任务的态度。在这一部分当中，员工的任务被分为四个类别：必须及时完成的工作；必须完成，但可以稍微延后的工作；完全没有必要完成的工作；时间允许的情况下最好能够完成的工作。这样，在填写清单的时候，员工就可以根据自己的工作内容把自己的任务分门别类。

第二部分是任务安排，它有些类似于工作日志，其主要目的就在于帮助员工和主管人员明确每天的工作内容。

第三部分是任务总结，每个星期结束的时候，将由员工根据自己的实际任务完成情况填写这部分内容，并在填完之后签上自己的名字，然后上交给项目主管。

克雷格任务列表

任务分类	星期一	星期二	星期三	星期四	星期五
必须及时完成					
必须完成，但可以稍微延后					
完全没有必要完成					
时间允许的情况下， 最好能够完成					
任务总结					

第十一条　把任务分解成若干步骤

适用症状：

★常常因为感觉任务过于复杂而一拖再拖的人

★经常在工作过程中感觉有很多准备工作没有完成的人

★不懂得进行合作，总喜欢独力完成所有工作，包括那些需要进行合作的工作的人

在现代办公室的工作环境下，只有很小的一部分工作只有一个环节。不是只有复杂的项目需要进行大规模的分析和合作，事实上，根据美国伊利诺大学一位劳动学教授的观点，如果仔细观察一下的话，我们就会发现，即使连使用传真机这样简单的事情也包含着至少六个步骤。

从传真机的例子当中，我们发现，任何一件简单的工作其实都是可以被分解成很多小环节的，如果要完成这件工作，哪怕它再简单，

你也必须一个环节一个环节地完成；而另一方面，只要把这些环节全部准确地完成，工作自然也就完成了。所以在很多大企业当中，管理人员都会聘请专门的咨询公司来帮助自己制定岗位说明和工作说明，对每个岗位的职责和工作完成要求进行详细的描述，其原理也就在于此。

相对简单的任务而言，复杂的任务更需要进行分解。在很多情况下，我们与其说是因为任务复杂而缺乏信心和勇气，倒不如说是因为我们把它看得过于复杂了。

美国著名作家、演说家林恩曾经把工作比做爬山，她相信，“在很多人爬山的过程中，经常会出现这样一种情况：我们对于高山的恐惧超过了实际登山的难度。”

就在不久以前，网上曾经流传过这样一则笑话：

问题：如何把大象塞进冰箱？

背景提示：一般情况下，一头标准的亚洲象的身长约为五米，体重平均为四到五吨。

答案：共分三步：

第一步，打开冰箱门；

第二步，把大象塞进去；

第三步，关上冰箱门。

从这则笑话当中，我们可以发现，很多任务实际上并没有我们想象的那么困难，只要能够对任务进行适当的分解，然后完成一个个细节，再困难的工作都能得到解决。

当然，在有些情况下，很多人可能是因为心理因素而迟迟不愿意着手去做一件事情，在这个时候，对自己的工作进行分解将有利于你克服这种心理障碍。

在现代都市的环境下，很多公司都采用了语音电话或者是电子邮件的方式来缴账单，可是在很多不是特别发达的地区，商家往往需要通过电话或者是亲自上门催讨的方式来要账。在这种情况下，就会有一些销售人员因为害怕在要账的时候遭到客户的白眼而不愿意去做这件事情。

其实只要认真分析一下这件工作，你就会发现，在客户心目当中，虽然他们有时会因为你是债主而不是很欢迎你的造访，可是另一方面，他们也会把你当成重要的供应商或者是能够向他们提供帮助的顾问人员，所以事实上，他们很可能对你并不抱有极端的排斥心理。

另一方面，对任务进行分解也可以帮助我们更好地做好准备。很多准备工作都是在分解的过程当中意识到的。波士顿公司的一位咨询顾问曾经这样描述自己的工作，“帮助客户尽可能地想到那些可能会不期而遇的问题”。

举个简单的例子，你的上司今天一大早交给你一项任务：送客户去机场。这件看起来非常简单的工作至少包含以下六个环节：找到合适的车辆；跟客户约好时间；确定去客户酒店的路线；准备好公司送给客户的纪念品；了解一下今天的交通情况；提醒客户准备好机票和相关证件。

虽然可能有些出乎你的意料，但实际上任何一个环节的失误都可能会影响这项任务的完成。所以如果能够在开始执行任务之前就对其进行详细分解的话，你的准备工作就会完成得更加充分。

分解还可以让我们更好地协调工作，逐渐建立团队作业的意识，并提高进行团队作业的技能。对于规模庞大的项目来说，尤其如此。事实上，对于项目形式的工作而言，对任务进行分解的过程实际上就是分配工作的过程。

在对任务进行分解的时候，首先需要注意的一点就是一定要让每一步都具有可执行性。曾经有一家出版社的主编这样向我解释他是如何进行管理的：把员工的每一步工作精确到可打勾的地步，也就是，这部分工作是否完成以及完成得怎么样，都可以在他们的工作记录表上得到明显的体现。

除此之外，所分解的任务应该具有明确的先后顺序。虽然分解工作跟我们前面所说的为工作排序是两种截然不同的工作，但二者之间也具有一定的相似。

原因非常简单：当一件工作被分解为多个简单的细节的时候，这些细节必然会有一定的顺序差异，而要完成一件工作，就必须遵守这些顺序。只有如此，整个工作才能得到顺畅而令人满意的结果。

团队作业时可以考虑根据执行者的具体情况对任务进行分解。执行者的情况会影响我们对任务的分解程度，团队成员的合作默契程度以及个人的能力水平会直接决定你应该把工作分解到什么地步。

打个比方，如果说你的团队成员当中有一位成员不懂得如何使用网络会议设备的话，你就应当在分解任务的时候考虑到对全体成员进行一次网络会议使用培训。如果情况恰恰相反，也就是说，你的所有团队成员都经常利用网络召开会议的话，这一环节显然可以被省略掉。

东方神话中的现代智慧

东方是一个充满神秘智慧的地方，古老的东方神话更是意味深长，隐藏着无尽历久弥新的智慧箴言，即使是在人类已经可以通过网络连接全球的21世纪，这些神话传说还是能够给人们以振聋发聩的启示。

传说大约在公元8世纪的时候，印度北部的比哈尔住着一位老汉，老汉以务农为生，膝下有三个儿子，大儿子名叫甘地，为人憨厚老实，待人厚道；二儿子庞普性格文静，偏爱思考；三儿子哈里五大三粗，终日好吃懒做。

有一天，这位老汉决定把自己的积蓄拿出来，让其中的一位儿子出门做生意。在决定派哪位儿子出门之前，老汉把三个儿子叫到跟前，给他们出了一道考题。

“你们谁能告诉我，应该如何登上北边的珠穆朗玛峰吗？”

大儿子甘地说道：“爸爸，这怎么可能呢？从古到今，我从来没有听说过有人登上过那座高峰呢！”

听完这话，老汉微微笑了笑，然后又把目光转向二儿子，他发现二儿子正在仰头看天，好像正在考虑什么问题，于是就又把目光转向了三儿子。只听三儿子憨声憨气地说道：“这有什么困难的，只要给我带够干粮，我就能爬上去……”

老汉摇了摇头，然后又看着二儿子，只听二儿子慢条斯理地说道：“首先需要做好准备工作，我要带着足够的干粮和帐篷，一些御寒用的衣服，还有一根长而坚固的绳子。然后我要沿着村子门口的大路走到城里，找到商队，请求他们把我带到珠穆朗玛峰山脚下。

“到了那里之后，我还要根据当时的天气情况选择最适合攀登的方向，然后我准备按照平均每天1500米左右的速度往上攀登。当然，刚开始的时候，因为比较容易，我的速度可能会比较快，可是慢慢的，随着山峰高度的增加，我的速度就会逐渐减慢。

“听人说珠穆朗玛峰有八千多米高，所以如果一切顺利的话，十天左右能够回到山脚下。考虑到从这里到山峰脚下往返所需要的时间，我大概需要一个月左右。当然，这还不算上准备工作所花费的时间……”

他的话还没说完，老汉就把钱袋交给了二儿子！

第十二条　学会诱骗自己

适用症状：

★自治力差，很难强迫自己改变习惯的人

★更习惯于有明确目标，而且期望能尽快得到回报的人

任何习惯的养成和改正都有一个循序渐进的过程，在这个过程当中，推动人们不断向着自己所确定的方向发展的因素，被称为动机。

从心理学的角度来说，动机是指那些能够刺激人们的行为，并直接影响到最终的结果的心理因素。心理学家们相信，一个人动机的强弱与他的行为结果之间存在明显的正比关系：动机越强，通常对结果的影响就会越强烈，而且就越能促使一个人的行为向着有利于该结果的方向发展；反之，一个人的动机越弱，说明行为结果对他的吸引力越差，他得到该结果的可能性也就越小。

由此可以推出，当一个人想要通过控制自己的动机来控制行为结果的时候，他必须选择一些能够对自己构成足够刺激的动机因素。

在本节当中，所谓的“诱骗自己”，就是指通过为自己选择具体的

目标来激励自己改变行为习惯，从而实现该目标的过程，所以事实上，这里所谓的诱骗，实际上就是一种自我激励的过程。

“自我诱骗”之所以能够有效，首先是因为它能够帮助人们克服拖延习惯所造成的心理暗示。对于很多人来说，他们之所以会习惯性地拖延，其中一个主要原因就在于他们会在心理上给自己一定的暗示。

具体来说，每当接受了一项新的任务的时候，习惯于拖延的人总是会告诉自己，“待会儿再说吧”“等我把手头的事情忙完了再处理这件事情吧”等，在很多情况下，正是这种负面的心理暗示阻碍了人们立即采取行动，并导致最终的拖延。

相对而言，“自我诱骗”就可以有效地帮助人们克服这种负面的心理暗示。心理学家们发现，当人们刚开始受到这种负面心理暗示的影响的时候，他们最初的表现是心理上的动摇，然后才会做出决定。

比如说，当你的上司交代给你一件你并不想去做的事情的时候，你的第一反应不是拒绝，而是犹豫。你会在一瞬间陷入一种矛盾状态，这种状态并不会维持太长时间，但它会决定你随后所采取的行动。

在这段时间里，如果能够有效地进行“自我诱骗”的话，你就可以很快克服负面心理暗示，立即采取行动。实践证明，对于那些意志不是很坚定，或者拖延的习惯还没有根深蒂固的人来说，这种“自我诱骗”的方法还是非常有效的。（本节后面的故事就很能说明这一点。）

需要指出的是，诱骗自己并不是一件容易的事情，因为对于不同的人来说，能够改变其行为的激励因素是不同的，所以在进行“自我诱骗”的时候，第一件需要注意的事项就是要对症下药。对于不同的人应当采取不同的激励方式。

打个比方，对于那些拖延习惯并不是很明显，而且性格又比较急躁的人来说，最能激励他们的因素往往是那些能够立刻产生回报的工作。如果你属于这样的人的话，那你就应该选择一些能够产生立竿见影效果的事情来激励自己。比如说，你可以在“诱骗”自己立即采取行动做完一件事情之后奖励自己一块点心，或者是一场电影，也可以是跟朋友的一次旅行。

而相比之下，如果你属于那种拖延习惯已经根深蒂固，很难在短时间内改变的人，你就应该为自己确立一个大的目标，然后对该目标进行分解，并针对每一个小目标设立单独的奖励计划。

比如说在下面的故事当中，主角汤姆为自己确立了一个“宏大”的计划——得到一辆福特汽车。为了实现这个目标，他首先搜集了很多关于福特汽车的数据，把它们放在自己随处可看的地方，然后每当完成一个小目标（即克制住了自己抽烟的冲动）的时候，他就会看一眼福特汽车的资料，以此作为对自己的奖励。就这样，一段时间之后，汤姆终于改掉了自己的抽烟习惯，也成功地实现了自己的目标，得到了一辆福特汽车。

需要提醒的是，在诱骗自己的时候，你所确立的目标一定要具有现实性。我们知道，那些完全不可能实现的目标根本不具备任何诱惑力，它也就不可能激励我们改变习惯。

想想看，如果你的上司跟你说，“玛丽，赶快完成这份报告，我向你保证，如果你能在今天下午把它完成的话，我会把你送上月球。”我敢保证，你一定会以为上司是在开玩笑——因为你非常清楚，他根本无法兑现自己的承诺。在进行自我诱骗的时候，这个道理也同样适用。

最后，如果你想让自己的“诱骗”更有效果的话，一个最好的方法就是请别人对你进行奖励。我们知道，无论具体的奖品是什么，别人给予的奖励总是比自己给予自己的奖励更有吸引力——人就是这么一种奇怪的动物。

所以在进行自我激励的时候，如果你能够说服自己的同事或者是好朋友配合自己，在自己按时完成某件任务之后，给予自己某种奖励（最好是一个能够给你带来惊喜的奖励）的话，那你“自我诱骗”的效果很可能会更好。

汤姆是怎样得到他的“野马”的

汤姆是斯坦福大学一年级的学生，来到学校之后，他很快就适应了加利福尼亚的生活。这里气候宜人，阳光充沛，所以很多同学都有一辆敞篷汽车，于是他也打算为自己买一辆。

经过一番调查之后，汤姆决定买一辆“野马”敞篷型跑车，这是福特公司新近推出的一款车型，它外表强劲，内部装饰极富现代感，而且车身表面的曲线也非常具有诱惑力。确定车型之后，汤姆需要解决的下一个问题就是：他没有足够的钱！

“汤姆，你已经不是小孩子了！”其实早在拨通电话之前，汤姆就预料到妈妈会这么说，但为了筹到足够的钱，他还是必须坚持听下去。

“我知道，妈妈，我知道这不是一个小数目，但我确实需要一辆汽车，不如这样，这笔钱就算是我向你和爸爸借的……”

“汤姆，看来你并没有弄清楚我的意思，”妈妈接着说道，“这并不是钱的问题，我只是希望你能够学会约束一下自己。你一直是个聪明的孩子，我相信你可以想办法做到这一点。如果你能够把抽烟的毛病改掉的话，我和你爸爸就会考虑送你一辆‘野马’作为你的生日礼物……”

挂掉电话，汤姆不禁长叹了一口气。事实上，对于像他这种年龄的孩子来说，已经很少有人再去抽烟了，可是汤姆总是管不住自己。只要一闲下来，或者是碰到任何焦虑的事情的时候，他就会不自觉地点上一根香烟。在心理上，他觉得这样能够消除自己的焦虑——虽然他也知道，那只是心理作用而已。

对于汤姆来说，要想改掉这个习惯并不容易。毕竟，除了抽烟之外，他并没有太多的其他爱好，而且抽烟并没有影响到他的学业——多年以来，每当妈妈劝他改掉抽烟的毛病的时候，他总是这么进行反驳的。

“看来这次必须做出牺牲了，”汤姆对自己说道，“为了‘野马’！”

可是没过几天，汤姆又开始不自觉地拿根香烟叼在嘴里，似乎这已经成了他的一种生存状态。他也不知道为什么，可是无论在做什么，只要嘴里叼根香烟，他好像就可以找到所有的灵感和热情，做事也不会觉得疲劳了。

但另一方面，他也开始觉得那辆“野马”正离自己越来越远，实际上，照目前的这种状态下去，汤姆感觉自己永远也不可能得到它……

“不能再这样了，汤姆！”终于有一天，当汤姆再次打电话给妈妈，并再次遭到拒绝的时候，他开始下定决心，并准备采取切实的行动了。

汤姆决定“诱骗”自己——他首先要努力使自己相信：“野马”比香烟更有吸引力！

就在那天，汤姆来到学校的书店里，买了一本关于福特汽车的画册，里面印着很多福特汽车的照片。每当空闲下来，或者是实在想抽烟的时候，他都会打开画册，欣赏里面的照片，然后就会不知不觉地沉浸其中，当他醒过来的时候，他发现抽烟的愿望早已经消失得无影无踪。

除此之外，他还在几个专门讨论“野马”汽车的网站上申请了账号，经常登录这些网站，跟那些同样喜爱“野马”的人一起讨论汽车的性能、注意事项、一些简单的排除故障的方法，还经常阅读一些关于“野马”汽车的评论性文章。

就这样，一个月过后，汤姆突然发现自己上次买的那包香烟现在还原封不动地放在那里呢——“野马”已经悄悄进入了汤姆的生活，并彻底取代了香烟的位置！

很快，再过一个月，到这年圣诞节的时候，汤姆终于有了一辆自己的“野马”。

第十三条　先做自己最拿手的事

适用症状：

★缺乏自信，容易在困难面前放弃的人

★不断需要一些小的成就来鼓励自己的人

正像我们在前面谈过的那样，很多人放弃一件工作，或者是迟迟不愿动手完成一件工作的主要原因在于他们对这件工作的恐惧甚至大于工作本身的难度。正如爬山一样，很多人往往在看到高山之后就望而却步，不愿意进行进一步的尝试——事实上，只要肯攀登，再高的山也会被踩到脚下。

对于任何一件事情或者是人而言，第一印象的作用都是非常重要的。想必我们都曾有过这样的体会，对于那些很容易着手，而且我们又曾经有过成功经验的工作，我们总是会愿意立即采取行动。相反，如果一件事情看起来非常困难，而且我们一时间也不知道该如何着手的话，那我们就会一拖再拖。事实上，那件事情可能根本没有看起来那么困难。

在风靡全球的美国喜剧《成长的烦恼》当中，曾经有过这样一个情景。新学期开始了，家里的每个人也都跟着忙碌起来，大儿子迈克兴冲冲地等着看新生中的美女，二女儿卡萝儿计划在新学期中得到更多的表扬和奖励，只有三儿子本似乎并不高兴。

经过了解，父亲杰森终于查明了事情的原因。原来本在上学期结束的时候曾经接到同学的威胁，对方声称本将会在新学期开始的时候受到惩罚。

真不愧是心理医生，杰森很快帮助本克服了心理上的障碍，鼓励他勇敢面对可能出现的挑战。当来到决斗场所的时候，本却惊讶地发现，原来对方居然是个比自己还矮的小瘦子，原来一切都是一场虚惊：对方比本还要害怕！

这个故事告诉我们，无论遇到怎样的困难，只要勇敢地面对，就成功地迈出了解决问题的第一步。在这个世界上，每个问题都有解决的答案，无论你遇到怎样的问题，总能找到适当的方法来解决它，而在找到真正的解决方法之前，你必须学会去面对它。

对于很多人来说，推迟做一件事情的原因往往就在于他们不敢去面对眼前的任务。他们可能是出于一种本能的厌恶而不愿意做这件事情，也可能是因为缺乏自信，总是不愿意开始工作。如果是后一种情况的话，本节当中讨论的方法无疑就是一个极好的建议。

第一个原因是，从心理学的角度来说，在面对任何困难的时候，迈向成功的第一步都应该是从心理上开始的。也就是说，要想取得成功，我们必须学会从心理上把眼前的困难看成是可以解决的，正如一位智者曾经说过的，“这个世界上有多少问题，就会有多少种方法，所以无论遇到什么样的困难，都不要以为它是无法克服的”。

在遇到问题的时候，人们通常只能做出两种选择，一种是勇敢面对，并找出解决的办法，而另一种则是采取逃避的态度，试图找到其他简单一些的问题来解决。可事实上，如果你总是不能直面眼前的难题的话，那你遇到的所有问题都会变成难题。

选择先做自己最拿手的事情的第二个原因在于，小的成功往往能带给人们大的激励。在谈到“如何面对困难”这个问题的时候，一个最前提的心态就是要有信心。“我能”是这种情况下最值得提倡的口号。而从逻辑上来说，树立信心最重要也是最有效的方式就是要不断有小的成功。

美国著名的管理学大师、哈佛大学终身教授科特教授曾经在他的《领导变革》当中说过：“要想真正改变一个人或者是一个组织，单单有目标是不够的，最重要的是参与变革的人要对自己的未来充满信心，而要想做到这一点，关键就是要让这个人或者是整个组织不断取得阶段性的成功。”对于那些希望改变自己拖延习惯的个人来说，情况也是如此。

第三个原因是，先做自己最拿手的事情可以帮助你为后期的工作打好基础。在着手进行一项你觉得比较困难的工作的时候，你基本上是在摸索当中开展的，所以你的很多行为和做法都属于尝试性的。也就是说，你很难确定自己的做法是否正确，自己的行为是否真的有效。在这种情况下，如果你能够选择先做自己拿手的工作的话，就可以为今后的工作打下一个良好的基础，即使需要重来的话，你所做的工作也不必完全重做——至少你拿手的那部分工作是合格的，不是吗？

在下面的第二个故事当中，我们会发现，由于萨姆在刚开始的时候就做出了正确的选择，所以他的工作取得了出人意料的进展。问题是，当我们在日常工作当中遇到了类似问题的时候，我们该怎样做出选择呢？或者更准确地说，我们应该选择从哪些事情开始呢？

首先，我们应该将任务进行分解。将任务分解的意义我们在前面已经讨论过了。我们会发现，将任务分解还可以帮助我们找到那些自己比较喜欢，或者说可能会比较擅长的事情。即使是一件再困难的工作，当它被分解之后，我们总会发现其中会有一些我们比较擅长的项目——而这些项目就是我们的最佳着手点。

在下面的故事当中，我们会发现，如果萨姆一味盯着眼前的困难的话，他将永远不可能开始真正有意义的工作，而一旦当他学会把工作进行分解，并且发现自己完全可以胜任其中的“资料分析”工作的时候，他的工作马上取得了质的变化。

其次，在把一件大的任务分解为许多细小的环节后，接下来的工作就是进行自我分析。就自己所掌握的技能而言，我们总能对自己进行比较客观的分析。我们知道自己能够做哪些工作，没有能力去完成哪些工作，自己比较擅长哪些工作，同时对哪些工作比较陌生，自己比较喜欢哪些工作等等，回答这些问题的过程其实就是一个简单的自我分析过程。

最后，当我们把任务分析的结果和我们的自我分析结果相结合的时候，所有的问题自然也就得到了解决。

沮丧的萨姆

桑德斯公司是一家总部位于瑞士的建筑设计公司，该公司在世界上许多重要的城市都设有分部，主要负责为全球各地的富裕人士设计私人住宅，有时也会为政府部门设计办公大楼，或者设计度假村之类的休闲场所。

萨姆就是这家公司纽约分部的一位年轻的设计师。他刚刚加入公司不到两年，但已经协助自己的上司彼特——一位资深设计师，完成了多个项目的设计工作。

由于他在上个项目中的表现相当出色，所以当一个新的项目出现的时候，彼特决定让萨姆自己负责项目前期的设计工作，然后由自己亲自完成后续的核查及修改。

刚刚听到这个消息的时候，萨姆高兴得喜上眉宇，一方面是因为他为自己受到了上司的重视而感到高兴，另一方面是因为他终于有机会亲自组织设计一个项目了。要知道，对于一个年轻的建筑师来说，这可具有非常重要的意义！

可是没过几天，萨姆就开始转喜为忧了。设计工作的难度大大超出了他的想象，很多他以前感觉非常简单的事情现在做起来都是那么复杂，他甚至开始对自己失去了信心！

而另一方面，彼特照旧每个星期都要询问进度。由于正忙于上一个项目的收尾工作，彼特现在还不可能全力投入到新的项目中来，但他还是坚持与萨姆进行频繁的沟通，希望能够随时对项目的进度有一个比较清晰的把握，这样在他进入项目的时候就会比较容易。

可是这在无形之中给萨姆带来了巨大的压力，他感觉自己就像是面对着一座高耸入云的山峰，他的老板在不停地督促他赶紧起步，而他实际上却根本没有想好如何迈开第一步！

很快地，一个星期过去了，只要再过两个星期，彼特的项目就会结束，他就要开始具体参与到萨姆的项目当中来了，可是萨姆还没有想好，到时候该怎么向彼特汇报工作呢！

就这样，可怜的萨姆一天到晚都被一种挥之不去的沮丧感折磨着，回到家里，他也会躺在床上辗转反侧，夜不成眠……

一旦开始做，事情就变得容易了

还好彼特很快注意到了萨姆的情绪变化，就在第一个星期五快下班的时候，他把萨姆叫到了自己的办公室。

“怎么啦！萨姆？”彼特开门见山地问道，“我注意到你最近的情绪不大对劲，是不是出了什么问题？”两年来的合作已经使彼特和萨姆之间的关系超越了工作范畴，甚至已经建立了深厚的友谊。

“没什么……”萨姆有点难为情——当初彼特交给他这项任务的时候，他可是答应得非常爽快。

“是不是设计项目出了什么问题？”彼特问道，“如果是这样的话，我倒是希望你能尽快跟我交流一下。毕竟，我还需要再过两个星期才能实际加入到这个项目当中，所以我希望你能把前期的准备工作做好，只有这样，我们后面的进度才能够得到保证！”

“哦！是这样的，”萨姆好像也意识到了问题的严重性，“我感觉自己很难完成这个项目，即使是前期的准备工作也是困难重重！”

“哦？那你可以告诉我你的困难都在什么地方吗？”彼特问道，“是你觉得自己的工作能力有问题，还是我们之间没有沟通好呢？”

“我觉得自己的工作能力有问题，彼特，”萨姆接着说道，“我非常清楚你对我有着很高的期望，而且我也想通过这次项目来证明自己，问题是……”

“萨姆，”彼特突然打断了萨姆，“可不可以告诉我，你到目前为止都做了哪些工作了吗？虽然我最近几天来也跟你交流了好几次，但由于我一直在考虑手头项目的收尾，所以我对你前几天的工作了解得并不是十分详细。”

“说实话，彼特，”萨姆不好意思地说道，“我觉得自己实际上什么也没做……”

“什么都没做？”彼特不禁感到惊讶起来，他知道萨姆一向是个勤奋的人，他总是能够把上司交代的任务完成得又快又好。

“我知道你肯定感到非常失望，彼特，可是……”萨姆的脸一下子红了起来，“你也看过了我的项目计划书。可是每次要具体执行的时候，一想到后面有那么多自己不熟悉的工作在等着我，我就开始打退堂鼓，然后就开始给自己找一些其他比较容易的工作来做。”

“你其实是在逃避问题，萨姆，”彼特说道，“这可不是正确的做法！”

“是这样的，彼特，”萨姆说道，“可是我还是不知道该从哪里入手。”

“萨姆，告诉我，”彼特说道，“在整个项目当中，你最擅长的工作是什么？”

“资料分析。”

“那为什么不从资料分析开始呢？想想看，如果你能够在我进入项目团队的时候把所有的资料整理好的话，那将对我们后续的工作发挥非常大的作用！”

“可是其他工作呢？”萨姆还是有些担心。

“别忘了，萨姆，这个项目小组一共有七个人，每个人都有自己擅长的部分，为什么不尝试一下先做自己最擅长的那部分工作呢？”还没等萨姆插嘴，彼特就接着说道，“这样你就可以保证自己每天都有一定的工作成果，这会给你极大的自信！”

“我想我明白了，”萨姆自言自语地说道，“一旦开始做，事情就变得容易了！”

第十四条　再做最困难的事

适用症状：

★当一个人面临的任务当中有些环节是自己很难克服的时候

★那些信心不足，总不愿意着手困难工作的人

★那些即使工作困难，也必须全力完成，无法拖延，也无法求助的人

在将自己拿手的工作完成之后，接下来自然就是那些比较困难的工作了。虽然我鼓励大家先选择比较容易（或者说自己比较拿手）的工作来完成，可是另一方面，我并不是鼓励大家要放弃或者逃避困难。毕竟，当你把所有自己拿手的工作完成之后，接下来你仍然要面对那些自己不是很擅长，但却不得不面对的问题。

在那本自20世纪80年代起便风行全球的管理学名作《一分钟经理人》当中，作者肯尼思·布兰查德博士曾经举过这样一个例子。我们很多人都曾经看过海洋公园里的鲸鱼表演，当发现那些体形硕大，重达数十吨的巨鲸居然能够跃出水面好几米的时候，大多数人都会惊讶得

瞠目结舌，这些训鲸师是怎么做到的呢？相信很多人都会有这样一个疑问。

答案其实非常简单，在刚开始的时候，训鲸师们会在水底放上一条线，如果鲸鱼能够游过这条线的话，它们就会得到相对的奖励。过了一段时间之后，鲸鱼们就会对这条线产生一定的敏感性，因为它们相信，只要自己一游过这条线，就能立刻享受一顿美食。再过了一段时间之后，训鲸师们开始不断提升线的高度，慢慢的，线被提高到了水面的位置。

“这是最重要也是最困难的时刻，要知道，这可是鲸鱼们第一次跃出水面，”一位训鲸师这样告诉布兰查德博士，“跃出水面跟在水下畅游是完全不同的事。”终于，鲸鱼们还是成功了。

这件事情告诉我们，无论一项任务看起来有多困难，只要能够将前期的准备工作做好，再加上一定的勇气和毅力，我们就能够完成一件事情——想想看，第一次看到如此庞大的鲸鱼的时候，有谁能想到它们居然能跃出水面好几米呢？

当然，有一个问题是我们必须面对的，那就是如何区分困难的事与重要的事，毕竟，当有些重要的事情必须立即完成的时候，我们就不可能有时间等到先做完拿手的事情之后再去考虑这件事情，因为根据要求，我们必须尽快完成这些任务。在这种情况下，我们应该怎么办呢？

我们应当学会把困难的事情与重要的事情区分开来。我们必须承认，虽然困难的事情不一定是重要的事情，二者之间未必重合，但在另外一些情况下，那些迫在眉睫而且非常重要的事情确实是非常困难的。

在这种情况下，我们根本不可能有时间对任务进行分解，并学会先完成那些自己擅长的事情，然后再去着手让我们感到头疼的问题——时间根本不允许我们这样做。

所以，在接到一项任务之后，我们一定要分清这件事情是否非常紧迫，如果确实如此的话，我建议你最好向上司说明自己的情况，请他派人协助你完成该工作，或者你也可以主动请求别人的帮助。

如果是另一种情况，也就是说，你所接到的任务虽然非常重要，但却不是迫在眉睫的话，你就可以采取我们上面所谈到的方法，先把任务进行分解，然后从自己最拿手的事情着手，步步深入。

问题是，困难总要面对，当把所有自己比较擅长的工作完成之后，我们还是不可避免地要面对最困难的部分，这个时候，我们又该怎么办呢？

要想解决这个问题，我们在工作的前一段，也就是解决那些我们比较擅长的问题的时候，就要注意进行自我培训。

由于是在同一个项目当中，所以你前期所从事的工作通常会跟那些你觉得比较困难的事情之间存在某种联系。在这种情况下，如果你能够在完成前段工作的过程当中对后面的问题进行分析，发现二者之间的联系的话，你就很可能对后面的工作有比较清楚的认识，或者你也可以参加一些必要的专业性辅导或者是培训，以此来提高自己解决问题的能力。

在某些情况下，当我们所面临的任务非常紧迫，根本不允许有时间对任务进行分解或者是进行自我培训的时候，我们一定要学会向周围的人求助。求助听起来简单，事实上，它并不像大多数人想象得那样容易。

根据心理学家的分析，在日常工作场合当中，至少有以下三种原因会影响人们向自己周围的人求助：

一是逞强，人们不愿意让自己的同事感到自己是一个无能的人；

二是邀宠，很多人都喜欢在上司面前表现自己，给上司留下一个好印象；

三是胆怯，对于那些性格非常内向的人来说，他们平时就不大善于跟周围的人打交道，当遇到一些自己无法解决的难题时，焦虑感只会进一步加强他们的这种情绪。

要想克服这三种情绪，在遇到困难的时候主动请求帮助，我们必须树立正确的团队观念。要知道，你的成败不仅仅会影响你的工作，它还会关系到你所在团队的总体工作业绩，所以实际上，你所遇到的问题不应当简单地被看成是你自己的问题。当该问题会影响到团队整体表现的时候，我建议你还是用整个团队的力量来对付它。

除此之外，求助是一种加强团队凝聚力的很好的方式。实践证明，共同面对困难通常比共同享受平静与成功更能够使人产生同舟共济的心理。

共同的困难可以让全体队员的精力集中到一点上，在这个过程当中，彼此之间的竞争心理就可以很容易地转化为一种合作心态，因为当进行团队作业的时候，“能否完成任务”要比“谁来完成任务”重要得多。当一项任务得到完成的时候，全体团队成员都会共同分享完成工作之后的成就感，团队凝聚力自然也会得到大大提高。

惊讶的萨姆

转眼之间，两个星期过去了，就在第二个星期五的下午，距离下班还有两个小时的时候，萨姆的电话响了。萨姆拿起电话，只听那边传来了彼特的声音，“萨姆，可以到我办公室来一下吗？我想了解一下你所负责的项目的进度。”

“当然可以。”事实上，这一个星期以来，萨姆一直在等待着这一天的到来——自从上次跟彼特谈完之后，萨姆始终在等着跟彼特进行第二次交流。

“能告诉我你最近的工作如何吗，萨姆？”彼特开门见山地问道。

“好极了，彼特！”萨姆说道，语气中透露着一股兴奋。

“哦，那太好了！”或许是受到了萨姆情绪的感染，也可能是因为到了星期五，彼特的语气也轻快了许多，“下个星期一早晨，我想就你所负责的项目情况开个团队会议，你有什么要说的吗？”

“是的，”萨姆说道，“到目前为止，我已经完成了所有的资料分析工作，具体来说，我已经把所有与我们的设计要求相关的建筑指标和著名建筑的相关资料整理完成。并邀请了同事们一起根据我的分析结果对整个项目制定了一份大致的预算方案。我们还把建筑过程中可能会出现的问题列了一张清单，从今天上午开始，我们已经进入现场分析阶段，主要是对建筑场地的压力承受幅度进行了分析，估计下个星期就能拿出结果。关于具体的设计方案，我想还是等到你加入后一起研讨……”萨姆一口气把所有的工作都说了出来，好像有些迫不及待。

“做得好极了，萨姆！”彼特夸奖道，“你的进度已经超出了我的预期，我们有三个月时间来完成这个项目，到目前为止，我们只用了不到一个月的时间，你就已经把项目完成了将近一半，这实在是了不起！”

“真的是这样吗？”萨姆简直不敢相信自己的耳朵，“你是在说我把这个项目负责得很好吗？可是我一直认为自己并没有非常努力，我觉得自己所做的工作并不复杂！”

“是这样的，萨姆！”彼特笑着说道，“因为这些工作你都比较擅长，所以在工作的时候，你就会感到驾轻就熟，自然也不会觉得它有多困难。实话告诉你吧，如果你告诉我自己工作很吃力的话，我就会开始为你的工作品质担心了，因为如果是那样的话，你很可能对自己的工作并没有太大把握——对于事事都要求精确的建筑设计师来说，这可要不得！”

“实际上，”彼特接着说道，“当你完成了很多自己擅长的事情的时候，一方面由于已经积累了丰富的数据，另一方面也因为你在前期的工作当中又增加了一些经验和自信，所以即使当你开始接触到困难工作的时候，你也不会觉得它有多困难了，不是吗？”

“好像是这样的。”萨姆开始回忆起这两个星期的工作，他惊讶地发现自己已经在不知不觉中完成了好几件自己以前根本不敢去独自完成的任务。

“好了，工作就谈到这里吧！”看了一下表，彼特发现距离下班时间只有五分钟了，“周末有什么打算吗？”

“哦！”萨姆好像仍然沉浸在刚才的惊讶之中，“我想我应该好好准备下个星期一的团队会议，不过很奇怪，虽然又要牺牲一个周末了，可是我却感到无比兴奋……”

第十五条　一次只做一件事

适用症状：

★缺乏专注精神，总是在做一件事情的时候想着另一件事的人

★很容易被周围的事情分散精力的人

★情绪缺乏稳定，经常会受到过去的成功或失败的影响的人

在《伊索寓言》当中，有这么一个故事。故事的主角是一只狐狸和一只刺猬。狐狸聪明机灵，非常狡猾，它总是能够想出各式各样的鬼点子，是森林中出了名的鬼灵精。相比之下，刺猬的生活就简单多了，它每天呆头呆脑，只知道到处爬来爬去，除了找果子吃之外，生活中似乎没有其他的追求和烦恼。

有一天，饥饿的狐狸在路上碰到了刺猬，“哈哈，又可以美餐一顿啦！”狡猾的狐狸急忙扑了上去，一见大事不好，刺猬急忙缩成了一团。结果可想而知，狐狸被刺得浑身发麻，可是它心有不甘，围绕着刺猬左看右看，无论它怎么想办法，刺猬就是缩作一团，最后狐狸实

在无计可施，只好悻悻地离开了。

从这件事情我们可以看出，专注的力量是非常强大的。任何人，无论做任何一件事情，只要能够做到专注，就可以最大限度地释放出自己的能量，并把自己取得成功的可能性提高到最大——但必须指出的是，专注并不能保证成功，因为一个人做一件事的成败是会受到很多因素的影响的。

从心理学的角度来说，专注之所以能够产生力量，主要是因为它是符合人的思维习惯和心理特点的。

著名的思维研究专家、全球著名畅销书作家德·波诺曾经在自己的《六顶思考帽》当中谈到过一个有趣的实验。

他让实验者在大街上观察一分钟内过往某一个路口的车辆，并要求他记录下这一分钟内过往车辆当中黄色汽车的数量。等到实验者观察完毕并把答案递交上来之后，他又让实验者回忆一下刚才经过路口的黑色汽车的数量，结果没有一位实验者能够回答出来。

这个实验说明，在大多数情况下，一个人的注意力只能集中在一件事情上面，如果有人一定要同时思考或者是关注几件事情的话，他最终很可能得不到任何真正准确的结果。

心理学家们发现，如果一个人能够在工作过程当中保持精力高度集中，他的心理能量就能够更加集中地投入到正在进行的思维活动当中，从而使思维在特定的问题上处于最佳启动状态，最终使人脑能够高效地进行信息加工和问题解决。

美国心理学家盖里·斯穆尔博士相信，导致人们工作结果差异的往往是这些人在工作时的注意力集中状态，而不是简单的智力因素，世界上许多心理学家的研究都证明了这一点。

要想做到专心致志，除了我们前面谈到过的要做好充分的准备工作以及要学会为重要的事情专门留出大段的时间之外，更重要的是要学会关注自己的心理特点和思维方式。

首先，我们要尽量克服自己的贪婪。贪婪不一定是个贬义词，在很多情况下，贪婪的人都会表现得非常勤奋。正是由于比较贪婪，他们会更加努力地工作，想让自己能够在更多的领域里取得更大的成就，所以很多贪婪的人都会拼命地为自己安排更多的工作，承揽更多的业务，每天都把自己的日程表排得满满的。可问题是，每个人的时间和精力都是有限，这也就意味着，没有一个人可以在同一时间内做几件事情，过多的安排会影响我们的思维稳定，这很可能会影响我们的思维进入更深的层次，从而降低我们的工作和生活质量。

其次，我们应当尽量让自己的工作安排符合自己的思维习惯。根据心理学家们的观点，大多数人在进行深度思考的时候都会需要一个安静的环境以及平和轻松的心态，所以相对的，如果你所从事的工作需要进行深度思考或者是你需要用大段的时间来处理一件比较复杂的工作的话，我建议你应当考虑为自己安排一个比较安静的环境或者是时段来完成这份工作。

我们知道，许多作家都喜欢在夜深人静的时候进行写作，但也有很多人有一些非常独特的集中注意力的方式，比如说据传巴尔扎克就喜欢在奔驰的轿车上写作，而海明威年轻的时候曾经在巴黎的一家咖啡馆里完成了自己那一时期的大部分作品。

最后，在从事一件工作的时候要尽量忘记以往发生或者是将要发生的事情的影响。很多人都有这样一个习惯，他们总是会受到以往事情的影响（无论这种影响是积极还是消极的），而且这种影响会一直延续到下一件事情的开始。这种心态对我们的工作是非常不利的。

所以要想真正做到专注于眼前的工作，我们一定要在内心给自己一种暗示，在着手一件工作的时候暂时忘记以往发生的事情，做到“仿佛除了自己手头的工作之外，这个世界上不再存有任何其他事情”。

这种心态的重要性在运动员比赛的时候表现得尤为明显，经常关心体育比赛的人会发现，那些真正优秀的射击运动员都会把自己的每一枪当成唯一的一枪，在扣动扳机之前，他们总是能够忘记上一枪的成绩，专心致志地打好眼前的一枪。而相比之下，还有一些运动员则会因为自己上一枪的失利而影响到下一枪的心情，从而产生负面的连带效应，最终影响到整个比赛的成绩。

如果你只能做一件事情

在大学四年当中，似乎只有大三是唯一真正忙碌的一年，有些人忙碌着修完剩下的学分，有的人忙碌着参加各种培训，有的人忙碌着联系到欧洲旅游，有的人忙碌着准备申请到更好的学校继续深造，当然，更多的人在忙碌着联系假期的实习，为来年找工作做好准备。

比利就是这群人中的一个。他是美国加利福尼亚州斯坦福大学工商管理系大三的学生，刚刚进入大三，他就已经开始为自己的“将来”忙个不停了。对于比利来说，要做的事情太多，似乎总也做不完：他要跟一家投资银行保持联系，并准备在明年暑假的时候到这家银行去实习；要参加教授的一个研究项目，希望在该教授发表论文的时候能够签署上自己的名字；他每个星期还要抽出四个晚上的时间到学校图书馆打工；除此之外，他还计划着在正式开始工作之前到中国旅行一次；而且他还记得教授曾经推荐他到哈佛商学院深造，他觉得这个建议也不错。

刚开始的时候，他感觉生活非常充实，毕竟，对于一个刚满二十岁的年轻人来说，他喜欢忙个不停，而且“有那么多事情等着我去做”的感觉实在是美妙极了。他感觉自己面临着很多选择，而且梦想着能够在所有方面都取得一定的成功，比如说他希望能够在实习的过程中做出优异的表现；希望教授能够对自己在研究项目中的贡献感到满意；希望能够在图书馆打工的同时多读一些书；希望自己的中国之行能够如愿以偿；还希望自己能够得到哈佛商学院的录取通知书。他抓紧一切时间努力地工作、学习，心中满怀着对未来的美妙憧憬。这样的日子过了将近两个月。

然后情况就开始发生了变化。他发觉自己虽然每天都在忙个不停，可是他在各个方面都没有取得令人满意的进展。

教授曾经让他翻译过几份资料，然而为了赶时间，他的翻译质量并没有达到让教授满意的标准，有时他的译文实在让教授摸不着头绪。

而且图书馆的管理员也开始对他的工作提出意见了，因为他们发现比利经常在工作的时候偷偷跑到图书馆的角落里自习，有时学生来借书的时候根本找不到人。

就在这个星期的星期一，中国驻旧金山领事馆的工作人员给他发来一封电子邮件，告诉比利如果不能在下个星期五之前准备好所有数据的话，他很可能就无法及时获得签证……

“我到底做错了什么？”比利一个人呆坐在学校的大草坪上，满心沮丧地自言自语道。

第十六条　学会找人帮忙

适用症状：

★不善于跟人合作的人

★认为自己是全能的，不需要跟人合作的人

★常常因为坚持独自完成工作而导致工作拖延的人

每当谈到跨国管理的时候，许多人力资源管理专家都抱有这样一个观念，认为东方人和西方人之间最大的区别之一就在于团队合作理念上的差异。

他们认为东方人比较善于合作，他们崇尚“中”的精神，把团队成员之间的和谐与协调看得非常重要；而相比之下，西方人（尤其是美国人）则更加看重独自工作的能力，他们心目中的英雄总是那些能够单枪匹马完成重任的人，就好像西部电影中的牛仔。经过对比，大部分的专家都建议西方人在团队合作方面应该向东方人学习。

这种说法是有根据的。从社会学理论的角度来说，由于人是社会动物，每个人都有其社会性的一面，所以无论是在工作还是在日常生活中，我们总需要跟人进行沟通。

美国著名畅销书作家道尔·林奇在《管理与沟通》一书当中曾经写道：管理者最本质的工作主要有两条，一是信息管道；二是润滑剂。林奇相信，管理者最重要的工作就是保持信息畅通，协调所有团队成员之间的工作，并在此过程中为团队成员的工作提供配合。

自从人类脱离手工作坊时代，进入工业社会以来，合作便成为一种不可逆转的趋势，或者说已经成为人们日常工作的必须。以往那种闭门造车、闷头工作的人再也不适合现代社会了。

首先，只知道闭门造车的人实际上阻碍了信息的流动。在现代社会大生产的背景之下，无论进行任何一项工作，信息都是协调工作所必需的。各个工作环节之间的结合、监督，以及配合都需要通过信息的流动来实现。

那些只知道闭门造车的人往往或是过于推崇个人英雄主义，或是为人性格过于内向，无论出于何种原因，他们的行为或多或少妨碍了信息的流通。

电影《天才米勒》就讲述了一个这样的故事。米勒是一位众所周知的天才摩托车手。他驾驶技术精湛，曾经在多种比赛当中获得过优异成绩，甚至多次取得出人意料的表现。不仅如此，他对摩托车本身的内部构造也是了如指掌，是一位出类拔萃的维修人员。

或许是因为内心产生了“高处不胜寒”的感觉吧，米勒经常一个人独自沉思，思考各种驾驶过程中可能会遇到的问题，当然，他也经常会考虑一些与摩托车维护相关的问题。

可是让整个车队感到担忧的是，无论出现什么问题，米勒从来不会跟自己周围的人交流。更不会去向人求助——即使遇到自己实在无法解决的困难，他也会选择去查询技术方面的数据，或者是在网上跟人进行交流。好像在米勒看来，向人求助是一件非常丢脸的事情。

终于有一天，在一次比赛当中，米勒的摩托车中途脱离轨道，人仰车翻，米勒也因此身负重伤。当车队其他成员对此事进行调查的时候，才发现原来是因为米勒在比赛之前左边的小腿有轻度擦伤，而他又不肯及时向队医说明，所以才出现了这次事故。这不仅给他自己造成了身体上的伤害，而且影响到了整个车队的成绩。

其次，只知道闷头工作的人的工作质量常常不甚理想。这一点在团队作业的时候也体现得尤为明显。除了合作之外，在团队作业的过程当中，相互监督工作质量也是一个非常重要的方面。

由于每个人都会有自己的疏忽之处，所以在开展工作的过程当中，如果不同环节之间能够经常进行沟通，并且就每个环节的工作质量提出意见或建议的话，整个团队的工作差错率就有可能降到最低水平。

相比之下，那些不大善于跟人沟通，尤其是在遇到问题的时候不会求助的人往往无法接受自己的同事提出的意见或建议，或者甚至不愿意倾听别人对自己工作的看法，结果只会导致工作质量无法得到持续改进。

在这一方面，出版行业为我们提供了很多很好的例子。在很多国家的出版流程中，都要在刊发稿件之前对其进行三审三校，从而确保稿件质量。

在我曾就职过的一家出版机构中，就有这么一个人，刚刚加入这家出版机构，他的编校水平其实并不是很高，所以也常常因此而出现各式各样的问题——这无疑会影响下一个校次的质量和工作强度。

问题是，在负责终审的同事多次向他提出意见，并表示愿意协助他进步，教会他如何提高编校水平的时候，他经常表现非常不屑。结果可想而知。由于他的关系，每本书的编校流程平均被延缓了三天左右，负责他后续环节的编校人员也经常苦不堪言，最后老板只好请这位编校人员离开了。

最后，只知道闷头工作的人交流能力会受影响，其生活质量也会下降。我们知道，人是社会性的动物，除了工作之外，我们在日常生活当中也不可避免跟各式各样的人打交道。但由于工作在人们的生活当中往往占有很大比例，所以如果一个人已经在自己的工作当中养成了闷头工作的习惯的话，他的人际交往能力很可能会受到不良的负面影响，从而就会影响生活质量。

事实上，学会求助的意义不仅体现在日常工作行为当中，它还有一定的理论依据。我们知道，从经济学的角度来说，除了提高个人作业单位的生产效率之外，提高整个社会生产水平的一个重要途径就是最大限度地发挥不同生产要素的优势。

根据著名经济学家李嘉图所提出的比较优势理论，由于不同的经济体有着不同的比较优势，所以对于任何组织机构来说，要想提高总体生产水平，就必须学会发挥各个经济体的相对优势，从而做到物尽其用。

如果请爱因斯坦、爱迪生，以及毕加索三个人组成一个企业“梦之队”的话，那该企业的管理者显然不会去让爱因斯坦开拓市场，不会让爱迪生从事企业战略研究，更不会让毕加索负责人力资源管理，其原因非常简单：他们所擅长的领域并不在于此。

在我们的日常工作当中也是如此，没有一个人是万能的，不同的人有着不同的优势，对于管理者来说，他们应当学会认清下属们各自的优势；而对于身处下属地位的员工来说，他们则需要更好地了解自我，发现自己的比较优势。

可是在现实生活中，无论是对下属还是对于管理者来说，他们都往往难以正确认识自己的弱势，也就是说，大多数人往往都只会看到自己能做什么，却没有仔细想一想自己到底不能做什么。

如果认真思考一下自己的工作的话，我们就会发现，其实有两种工作我们完全可以向别人求助。

第一种是那些我们自己并不擅长的工作。对于这种工作，如果我们勉为其难的话，那最直接的结果就是会导致工作质量的降低。而且由于整个工作是由不止一个环节构成的话，一个环节的工作质量低劣所带来的后果往往要由其他几个环节付出更大的努力来进行补救，所以整个团队的作业进度和质量都会因此受到影响。

如果上司分配给你一项你本人并不擅长的工作的话，我建议你还是及时向上司说明，请他派人来协助你完成这项工作，或者你也可以直接向那些更擅长该工作的人求助。

第二种是那些我们自己可以胜任，但由于时间紧迫，我们无法在规定时间内完成的工作。很多人经常表现得非常勤奋，他们总是习惯于在接到任务的那一刻就立即动手，可是做了一段时间之后，这些人往往会发现自己在开始动手之前应该仔细考虑一下，对整个工作进行一番统筹规划。

还在大学时代的时候，我曾经到一家电子商务网站进行暑期实习，当时我的工作是进行市场开拓，主要负责为公司拉到新客户。

有一天下午快下班的时候，老板突然交代给我一项任务，让我在五百张信封里装上公司简介和客户数据表格，准备在第二天参加展览的时候统一发放给观众。老板交代完之后，我便立即动手，根本没注意到其他人正陆续离开办公室（因为当时已经到了下班时间了）。

我一个人独自忙碌到夜里12点，才发现自己只装完了大约三百多封。那时，我才猛然意识到，如果自己能够请几位同事帮忙的话，完全可以在更短的时间里把这些事全部做完。

越忙碌，越失败

“想想看，如果你在接下来的两个小时里只能做一件事情的话，你会做什么？”这是马赫跟爸爸聊了半小时之后，爸爸说的最后一句话。

最近一段时间以来，马赫的工作表现实在不够理想。他总是想尽可能地多做些工作，这样他不仅可以获得更高的加班费，而且还可以在更短的时间里积累更多的经验，说不定还可以因此而获得上司的赏识，尽快让爸爸感到满意呢……

可是事情好像并没有按照马赫所期待的方向发展，他很快意识到，虽然自己整天忙个不停，可无论在工作成绩还是在人际关系上，他都没有得到令人满意的结果。

从工作成绩上来说，由于喜欢事事亲力亲为，他的工作进展总是比别人慢。有一次，为了完成一个项目，他甚至熬了个通宵，可是当第二天下午上司检查工作的时候，却发现他所计算的数字存在着很大误差，甚至连报告中单词的拼写都漏洞百出。

而且由于他整天忙于工作，跟同事们打交道的时间并不多，渐渐的，他开始感觉自己在办公室里受到了排挤，甚至连上次玛丽的生日聚会都没有邀请他！

“难道他们知道我是公司董事长的儿子而在故意疏远我？”马赫自言自语道，“事实上，自从大学毕业加入公司以来，我一直都很低调，除了爸爸的几位好朋友之外，并没有人知道我爸爸就是这家公司的董事长啊。莫非还有其他原因？”

这天晚上，回到家里之后，他拨通了爸爸的电话。

“马赫，到我这里来一下吧！我们好好谈一谈，顺便可以陪我和你妈妈一起吃顿晚饭！”爸爸说道。

半小时后，马赫来到了父母住的地方，跟妈妈打了声招呼之后，他径自来到了爸爸的书房。

“孩子，你现在遇到的问题跟我以前碰到的情况非常相像，”爸爸说道，“要知道，在当时创办这家公司的时候，爸爸并没有任何管理经验啊，所以吃了不少苦头！”

“可是我并不怕吃苦啊！爸爸，”马赫插嘴道，“我只是不明白一件事情，为什么我越忙碌，事情好像就越不会按照我想象的方向发展？”

“这并不奇怪，我的孩子！”爸爸接着说道，“我当初也曾经遇到这种情况，在那个时候，我也总是喜欢事事都自己去做。毕竟，我以前从来没当过管理者，根本不会吩咐别人做事。而且我发现自己有时很难跟人说清楚一件事情，有时即使是交代清楚了，我也总担心别人不能够把事情做成我想象中的那个样子。没过多久，公司的员工就开始疏远我，你妈妈也因为我工作时间太长而抱怨个不停！”

“我也是这么想的，爸爸！”看得出来，马赫确实深有同感。

“后来我意识到了一件事情的重要，”爸爸说道，“正是这件事情彻底改变了我的工作和生活……”

“什么事情？”还没等爸爸把话说完，马赫就迫不及待地问道。

“找——人——帮——忙！”爸爸一字一顿地说道。

“找人帮忙？”马赫有些摸不着头绪了，“可是自己的工作毕竟要自己去完成啊！”

“看来你没有完全理解我的意思，孩子！”爸爸接着说道，“我说要找人帮忙，并不是建议你去推卸自己的责任，或者是把工作全都交给别人来完成！毕竟，公司付给你薪水，就是希望你能够对公司有一定的贡献！

“但另一方面，你也必须意识到，公司毕竟是一个团队，每个人都不可避免地要跟自己周围的人发生关系。而且每一项工作都是一项团队作业，所以你不可能独自一人完成所有的事情！有时找人帮忙的过程就是一个交流和沟通的过程，它可以帮助你更好地建立人际关系。而且更为重要的是，它可以让你更加及时高效地完成自己的工作……

“孩子，我并没有指望你能够完成所有工作，作为公司未来的管理者，我只是希望你能够带领团队完成所有工作，你明白我的意思吗？”

如何游刃有余

时间过得很快，一转眼的工夫，半个多月过去了。这天晚上，马赫再次来到父母家里，吃完晚饭之后，马赫跟着爸爸来到了书房，开始跟他讲述自己这半个多月的经历。

“现在的感觉好极了！”马赫对爸爸说道。

“那太好了，说来听听，你是怎么做到的？”

“很简单，”马赫摇着头说道，看得出来，他很得意，“秘诀只有四个字，寻求帮助！”

看着马赫的样子，爸爸忍不住笑出声来，“那你是怎么寻求帮助的呢？”

“每次上司给我任务的时候，我都会首先对任务进行分解，找出那些自己比较擅长的地方，然后把那些自己不擅长的任务交代给其他人去完成，换句话说，我在寻求他们的帮助。”

“如果别人不答应怎么办呢？马赫！毕竟，你并不是他们的上司，而且你的工作成绩会给他们带来无形的压力。”

“这是我在寻求帮助的过程中遇到的第二个难题，爸爸，”马赫看了看窗外，像是陷入了沉思之中，“刚开始的时候，我也想过，我担心同事们可能并不愿意帮助我。实际上，当我真正开口要求他们提供帮助的时候，就发现事情比自己想象得简单很多。他们当中的很多人非常愿意帮忙，而且齐心协力地完成一件工作的感觉非常棒，我们也因此成了好朋友！”

看到爸爸欲言又止的样子，马赫笑了笑，接着说道，“就这样，在短短两个星期的时间里，我不仅工作速度大大加快，而且质量也提高了很多。更重要的是，它让我跟周围同事之间的关系好了很多，而且让我更有自信了……”

爸爸终于忍不住了，他微笑着告诉马赫：“最重要的一点就是，马赫，它教你学会了如何与人合作，正像我上次跟你说过的那样，没有人可以单枪匹马地完成所有工作，你必须学会与人合作，而要想做到这一点，你首先就要学会向别人寻求帮助！

“在过去的两个星期里，你成功地做到了这一点，我为你感到自豪！”

第十七条　用新方法做事

适用症状：

★感觉工作枯燥，毫无乐趣的人

★有一定的工作经验，善于分析工作当中导致效率低下的原因的人

★善于沟通，能够让上司或周围的同事接受，甚至学习，自己发明的新方法

美国亚利桑那州的一座小镇上有一家电话公司，由于公司规模不大，而且业务比较单一，所以大部分员工每天的工作就是负责转接电话，其工作单调可想而知。公司刚开张的半年里，由于工作比较轻松，而且收入也比较稳定，所以小镇上的很多人都想到这家公司来工作。在工作一段时间之后，接线员们的作业水平得到了大大提升，工作效率也逐渐提高了起来。

可是半年之后，这家公司的管理者鲍勃却感觉到员工的工作效率和服务质量明显下降了，客户投诉的现象也越来越多。不仅如此，员工离职率也越来越高——他们甚至宁愿回家待业，也不愿意待在办公

室里工作。到底是怎么回事呢？

在跟那些前来请辞的员工进行一番交谈之后，鲍勃发现，其中绝大部分员工离职的原因都是相同的：他们都觉得公司提供的工作过于单调，毫无乐趣，而且由于这种工作的技术性并不高，所以公司也不可能为他们提供很高的薪资。

在了解了问题的真相之后，鲍勃想出了一个解决办法。几天之后，公司公布了一项新的管理规定，允许夜间值班的接线员每天晚上可以为三个来电提供免费服务。

在刚开始的一段时间里，当有人打电话到公司，听到接线员告诉自己“这个电话免费”的时候，他们还以为接线员是在跟自己开玩笑。可是过了一段时间之后，一些电话客户发现自己确实得到了免费服务，于是这件事情就开始在小镇上传扬开来，电话公司成了整个小镇关注的焦点，在这家公司工作自然也成了一件光荣的事情。

许多工作专家都提出过“玩”的工作哲学，在他们看来，除了薪水之外，人们最希望从工作当中得到的一个回报就是乐趣。

毕竟，如果考虑到吃饭、学习、睡觉等活动所花去的时间的话，人们大约有超过一半的清醒时间都是在工作状态当中度过的，如果一项工作过于单调的话，即使能够提供很高的工资，它也很难吸引到合适的人才。

不仅如此，过于单调乏味的工作往往会引起人们的排斥心理，使得他们会尽可能地把那些应该尽早完成的工作安排在自己的工作日程之后，结果自然会导致工作上的拖延。

在这种情况下，如果管理者或者员工本人能够考虑到这一因素，适当给自己一定的工作自由度，或者是适当调整自己的工作方法的话，那就会大大减轻由于工作单调而带来的压力，从而达到克服拖延、提高工作效率的目的。

尝试新的工作方法之所以能够达到这一效果，其主要原因在于以下几点。

新的方法能够有效提高人们的工作积极性。好奇是人的天性，只不过在成长的过程当中，有些人因为受家庭、学校，及社会教育的影响，他们开始学会掩饰自己的好奇心。事实上，每当出现新事物的时候，大多数人都喜欢去尝试一下。

著名企业管理杂志《Fast Company》上面曾经刊载过一篇文章，一家专门生产文字输入软件的公司的CEO在接受记者采访的时候说道：“一个偶然的机会，我们发现了一个秘密，如果能够在人们键入每一个字母的时候都让计算机随之发出悦耳的声音的话，那就能使文字输入工作变得极为有趣。要知道，几乎每个在办公室工作的人都需要在某些时候用自己的计算机去撰稿，所以我对我们软件的市场前景非常乐观。”

确实如此，该公司产品一经上市，便立即受到市场青睐，成为许多办公人员的首选文字输入软件。

不仅如此，与旧的方法相比较而言，新方法往往会更加合理，从而提高工作效率。虽然改革并不一定等于进步，但一个明显的事实就是，大部分的改革都是朝着改进的方向发展的，而且由于很多改革是通过应用新技术的方式得以实现的，所以采用新方法在大多数情况下都能够有效地提高工作效率。

大约在20世纪60年代的时候，有人曾经建议沃尔玛商店的创始人兼当时的总裁山姆·沃尔顿采用电子技术来为客户结账，从而就可以大大减少客人们在柜台前面等待的时间。但众所周知，山姆并不是一个容易对新技术产生兴趣的人，所以在刚开始的时候，无论周围的人如何劝说，山姆始终坚持传统的结账方式。

直到有一天，山姆像往常一样来到一家沃尔玛商店体验客人们购物的感觉，他突然发现，一旦客流量达到高峰，每位客人在柜台前面平均要等上十分钟左右的时间，这使得老山姆感到大为震撼。于是他立即回到办公室，召集多家沃尔玛商店的经理前来开会，立即讨论采用电子技术进行结账的问题。

实践证明，当情况变得不能再糟糕的时候，即使只是些许的改变，往往都能带来转机。

众所周知，EDS公司的创始人佩罗曾经是一位在美国海军服役多年的军人。28岁那年，他被一位前往海军部门参观的IBM高级经理一眼看中，立即被聘请到IBM公司的一家分公司担任销售人员。

可是没过多长时间，佩罗就发现自己并不适合在IBM这样的公司工作，于是他决定自立门户，创建一家专门为客户提供计算机相关服务的公司。

当时的佩罗可谓是背水一战，他用妻子教书积攒的一千多美元创办了后来的EDS公司，可是在刚开始的三个月里，他连一笔业务也没有接到。在这种情况下，佩罗决定给自己改变一下形象——他决定聘请一批退伍军人担任推销员。

这个举动立即遭到了非议，有人认为，当公司没有实现任何赢利的时候，佩罗不应该再继续增加开销，还有人认为退伍军人比较难以约束，会给公司的管理带来很多麻烦。

然而当时佩罗只是笑了笑："如果不这样做的话，我们会立即倒闭，为什么不换种做法试试看呢？"

结果证明，他成功了，新的销售队伍作风严谨，对客户言出必行，销售人员个个精神抖擞，给客户留下了非常深刻的印象。五年之内，EDS成为了全美最大的计算机服务提供商，甚至在很多领域跟IBM公司展开了竞争。

当然，采用新方法做事并不等于可以随心所欲，在尝试采用任何一种新方法的时候，我们必须考虑到以下几个问题：

第一，新方法应该能够更大地激发我们的工作积极性。毫无疑问，如果一种新方法比旧方法更让我们讨厌自己的工作的话，那这种尝试显然是徒劳而且毫无意义的。

第二，新方法应该具有一定的合理性。我们的改变应该带有明确的目的，不能单单为了改变而改变。在考虑采用新方法的时候，如果发现新的方法反而降低了工作效率，则这种尝试无疑是失败的。

第三，新的方法应该具有可复制性。毕竟，如果你所发明的方法只有你一个人能够采用的话，那显然不是一种成功的发明，只有当你可以把它推广到整个公司，邀请更多的人参与采用你的方法的时候，它才能对整个团队的作业更有意义，也才是真正成功的。

一次失败的试验

伯格斯公司是一家总部位于加利福尼亚州南部的制衣公司，公司主要为一些名牌服装公司进行代工服务。近年来，随着北美自由贸易区的建立，来自墨西哥的服装产品也逐渐进入美国，所以伯格斯公司所遇到的挑战也日益严峻起来。由于这些新的竞争对手成本比较低，而且质量也不错，所以伯格斯公司的生存压力越来越大。

在这种情况下，公司管理层开始为公司谋求新的出路，有人甚至建议公司搬迁到墨西哥，利用当地的劳力优势，降低生产成本，从而降低价格，以提高竞争力。但这一意见立即遭到了激烈的反对，一方面是因为搬迁工厂需要一定的成本，另一方面也是因为管理层以及公司员工当中大多数都是本地人，如果公司搬迁到墨西哥的话，他们当中的很多人都会失去工作。

所以在这种情况下，管理层决定实行新的工作方法：将以前的流水线改造成团队作业形式，希望能够提高工作效率，以此降低单位成本。

根据团队设计者的初衷，制衣车间的全体员工将被划分为多个工作团队，每个团队的成员将把整个制衣过程分解为多个环节，然后由适当的人手负责每个环节的生产。在确立团队结构之后，试验很快开始了。

当统计资料出来之后，管理者们发现生产效率并没有得到太大的提高。这是怎么回事呢?

经过调查，管理者们发现，虽然从表面上看，员工们的作业形式确实发生了变化，但实际上，他们的作业内容和作业方式并没有任何改变。因为从总体上来看，公司只不过是把以前的一条流水线分割成了多条流水线，仅此而已。所以，在这种情况下，工作效率自然不可能得到提高。

帕克鱼市的乐透工作学

在美国西雅图濒临太平洋的海岸边上，有一处著名的鱼市，这里是世界上最大的鱼产品交易场所之一，鱼市上海产品琳琅满目，巨型的大螃蟹列队成行，木桶中牡蛎堆成小山，还有很多叫不出名字的鱼……这就是世界闻名的帕克鱼市。

除了品种繁多的鱼产品之外，帕克鱼市得以声名远播的真正原因在于这里的人们工作的方式——那是一种处处透露着快乐，并极富感染力的工作方式。

人们经常可以在市场里见到鱼贩们穿着白色围裙、黑色橡胶靴子，一边忙着张罗自己的店铺，一边快乐地跟游客打着招呼，就好像看到了多年不见的老朋友一样。当受到感染的游客们走上前来，主动要求与鱼贩们合影留念时，他们就会抓起一条大鱼或者是一只大螃蟹，放在游客胸前，惹得游客们乐开怀。

可想而知，在这个世界上，类似于帕克鱼市规模大小的鱼市并不少见，在那些鱼市当中，鱼贩们也是每天从事着内容类似的工作，然而他们当中的大多数人都觉得自己的工作单调而无聊，为什么他们没能像帕克鱼市的人们那样快乐呢？答案就在于他们工作的方式。

成立一百多年以来，帕克鱼市的人们有意无意地在自己工作的地方培养着一种轻松随意而又极为高效的工作方式，他们一方面努力地工作，另一方面又努力把自己对工作的热情传达给所有经过这里的人。

他们会不断尝试着对日复一日、单调重复的工作方式进行修正，通过新的途径或做法来完成自己手头的工作，从而使整个工作过程轻松有趣，而且具有一定的娱乐性。

比如说当一位顾客前来购买，并跟鱼贩们谈好价格之后，招呼他的鱼贩就会用力抓起一条大鱼，大叫一声，“某某先生的大鱼来啦！”然后用力把大鱼扔给柜台后面的伙计，伙计接到鱼后，也会同时大叫一声，“某某先生的大鱼！”然后会很快地称好重量，计算好价格，并迅速用包装纸包裹好，整个过程干脆利落，一气呵成，让周围的人禁不住大声叫好。

接着，就在周围观众的叫好声中，前面的鱼贩又会把包好的鱼递给客人，如果客人要求的话，他还会满脸笑容地跟客人合影留念——当然，在留念的时候，他们通常不会忘记跟客人开上一些小小的玩笑。

著名的管理图书作者约翰·柯理斯坦森把鱼贩们的整个作业过程拍成了录像带，并在全球发行。“我的目的非常简单，”约翰·柯里斯坦森这样告诉他的观众们，“那就是想让人们知道，其实只要抱着一颗不断尝试的心情，对自己的工作换一种做法，你就可以得到完全不同的体验，如果你所使用的新方法足够有趣的话，你甚至会把工作当成游戏，每天都迫不及待地要完成自己的工作！”

第十八条　自制力训练

第一个自制力游戏　学会倒数计时

倒数计时是一种最直接的建立紧迫感的方式，我们经常可以看到一些国家和组织为了等待某件事情的到来而树一个倒数计时牌，让计时牌上每秒钟都在变化着的时间来提醒自己，“时间快到了！”让自己的行动跟随着计时牌上的时间一起跳，并切实地感受到时间的紧迫。

具体的练习方法如下：

1. 为自己确定一项要在接下来的一个小时内完成的工作。想想看，你有哪些工作需要在接下来的一个小时内完成。把这项工作具体写下来，包括要完成的工作内容，具体要求，以及衡量标准。

2. 找一个带有秒针的时钟。最好它能够发出声音，并且每隔 15 分钟就提醒你一次，“时间已经不多了！”

3. 做好所有的前期准备工作。包括你完成该项工作所需要准备的各种数据和信息，暂时把电话设成语音留言，把你的手机调成振动。

4. 静下心来。深呼吸几次，让自己彻底平静下来。记住，倒数计时最重要的目的在于让你学会感受到紧迫感，而不是给你带来压力，让你变得精神紧张。

5. 马上动手。在这个问题上千万不要拖延，当你把所有的准备工作都完成之后，要立即开始，千万不要在按下时钟这个问题上拖拖拉拉。

6. 开始工作。在接下来的一个小时里，你要学会让自己保持紧张（当然，这只是在练习阶段），让自己感觉像是在考场里考试一样，学会对自己说："监考老师就要过来收考卷了，我时间不多了！"

7. 好了，时间到。对照刚才列出的工作表检查一下，看看你是否完成了自己的预定计划，工作完成情况是否符合预定的衡量标准，然后给自己打分。

8. 不断重复，直至养成习惯。要想真正养成一种集中精力的习惯，你就必须要不断地进行重复，并且在这个过程当中始终注意不要让自己以前的老毛病重犯，要知道，在培养新习惯的过程当中的最大的敌人就是以前的旧习惯，一定要克服它。

第二个自制力游戏　让自己集中精力

在进行该项练习时，练习者可能会感到练习的难度大大超出了自己的预期。

在东方的禅学当中，禅定是一项极为重要的练习，它的关键就在于培养一个人关注当前的修为。

自 19 世纪日本禅师越洋传授禅法，禅定已经成为很多人日常生活中的一个重要组成部分，它不仅可以帮助人们保持内心的平静祥和，而且能够大大提高人们的工作效率，使人们在繁忙的工作当中保持精力集中，心平气和。

练习集中精力的方法有各式各样，无论采用哪种方法，关键都在于要保持内心的平静和专注。

第三个自制力游戏　强迫自己养成一种习惯

每个人都有自己的思维或者是行为习惯，跟其他习惯不同的是，拖延是一种几乎不需要刻意培养的习惯。在所有的人类习惯当中，拖延是一种最接近于人性的习惯之一。

或许是因为当时食物几乎在人类生活中占据了百分之百的比例，在人类处于原始状态的时候，除了那些为了维持生存而必须进行的活动之外，人类几乎不会进行任何的其他活动。他们总是在饿的时候才想起去寻找食物，很少会有系统的规画，更不会去有意识地规范自己的行为。

相对而言，要想改变拖延的习惯，一个人就必须首先学会培养其他习惯，养成习惯这种行为本身就是一个良好的习惯——因为人们随时需要根据社会的发展来调整自己的行为方式，这也就意味着我们总是需要不断养成新的习惯。

当然，在培养新的习惯方面，每个人都会有自己的做法，但从另一方面来说，虽然具体的做法不同，但培养习惯的整个过程一般都具有一定的相似。具体来说，在培养一个新习惯的过程当中，一般都要经历以下阶段：

1. 新鲜感。刚开始做一件事情的时候，人们总是容易对其充满新鲜感。回想一下，我们小时候第一次刷牙时候的那种感觉，当看到牙膏被挤出来，均匀地涂抹在牙刷上，然后看到刷牙的时候自己满嘴泡沫的样子。这一切是不是都让我们感到新鲜呢？

2. 开始感到有些吃力。大约过了一个月之后，刚开始尝试一件事情时候的新鲜感就会慢慢消退，这时如果再强迫自己继续重复这件事情的话，我们大多数人就会感到有些勉强，甚至有些吃力。

记得我刚刚开始第一份工作的时候，也曾有过这种感觉。在工作的第二个月，我就感到一切都索然无味，并开始怀念起自己的大学生活来。

3. 坚持期。大约在第三个月的时候，你会感到自己进入了最艰难的阶段。在这一阶段，你所有的新鲜感都已经消失殆尽，这时你会感到非常吃力，大多数人之所以没有养成新的习惯，就是在这一阶段退缩的。

4. 麻木期。第三个月过去以后，你会开始感到麻木，对你来说，你正在努力培养的习惯已经成为你日常生活的一部分，继续这种习惯并不会让你觉得有太大压力。而另一方面，如果让你立即停止这种习惯的话，你也不会感到失落。

5. 养成期。虽然习惯大都是在不知不觉中养成的，但我们每个人几乎都可以明显地感觉自己是否已经养成了某种习惯。通常情况下，当你在某一天没有做这件事情的时候，你感到有些失落，这就说明你已经在这件事情上养成了习惯。

如果你有睡觉前喝牛奶的习惯的话，试想一下，如果你在某天晚上睡觉之前没喝牛奶的话，你是否会产生一种失落感呢？习惯的力量就在于此。

第四个自制力游戏
把所有因为拖延而导致的问题列成表格

第二次世界大战结束以后，为了向世人表明改过的决心，同时也是为了警醒自己，当时的德国政府决定在柏林竖起一个二次大战纪念碑。甚至还有人建议，应该对这次战争造成的伤亡进行一番统计，然后把详细的资料刻在石碑上，每天都提醒人们这次战争给整个人类所造成的灾难。

***

我还在上小学的时候，每次犯了错误，爸爸总是会让我在日记本上记录下自己的错误。"这样可以帮助你下次不再犯同样的错误！"

看完我的日记之后，爸爸还会这样告诫我，"以后再遇到这样的事情，你就要告诉自己多想想今天所发生的一切！"

在克服拖延习惯的时候，这种做法尤其重要。我们知道，在做任何一件事情的时候，拖延都会给我们带来极大的困扰，它不仅会严重影响我们的工作进度和质量，有时还会在心理上给我们带来烦恼。但一个不容否认的事实就是，一旦烦恼过去，我们当中的大多数人都很少会对引起烦恼的原因进行反思，这也就是说，我们总是倾向于在事情过去之后把它们抛之脑后，而不是去想着下次该如何避免类似的事情再次发生。处理这种情况的一个最好的方法就是我将在这里谈到的列表法。

这种方法有些类似于我在前面说过的日记，它可以使我们在遇到类似情况的时候把后果想清楚，这样人们自然就会产生一种紧迫感，从而就不会再拖拖拉拉。这种做法的具体步骤如下：

1. 回想一下你最近一次拖延的情况。

2. 把整个过程记录下来，包括你当时的心理活动，以及所有那些影响你立即采取行动的原因：你在准备行动过程中都受到了哪些干扰，有哪些准备工作没有完成等。

3. 这次拖延都给你带来了什么样的后果：上司是否对你提出了批评，你的工作进度因此受到了怎样的影响，你因此而损失了多少客户，给公司带来了怎样的财务损失等。

4. 这次拖延给你带来了哪些心理上的影响：你是否为此感到悔恨，或者是你是否因此而痛下决心，改掉自己拖延的坏习惯。

第五个自制力游戏　学会模仿别人

“模仿”这种行为就是一种娱乐方式。我相信，很多人都以模仿别人或者动物的姿态或声音为乐。而且从大的社会角度来说，我们总是会不自觉地为自己树立很多模仿的榜样。

作家阿尔杰·霍瑞修之所以被称为“美国精神之父”，其主要原因就在于他为美国人树立了很多学习的榜样，他笔下的主人公大都是那些自立自强，依靠自己的艰苦奋斗而最终取得成功的典型。

一代又一代的美国人从这些人物当中汲取了巨大的精神能量，即使在恶劣的环境下也始终坚持向上，并对未来充满了乐观积极的心态。

对于阿尔杰之后的美国人来说，模仿“阿尔杰式英雄”已经成为了他们的动力源泉。

要想通过模仿别人来克服拖延习惯，具体的做法如下：

1. 找出自己的问题所在。问问自己，你到底需要在哪些方面有所改进？是要改掉拖延的习惯，还是要改变自己的决策方式，还是要在进行准备的时候考虑得更加详细一些？

2. 观察自己的周围，找出那些比较擅长处理你所面临的问题的人。

3. 列出他们的行为特点，看他们都有哪些习惯，比如说他们是否经常使用记事贴，以及他们怎样分配工作和时间等。

4. 在适当的情况下，你可以跟他们谈一谈，告诉他们你所面临的问题，并向他们请教解决问题的方法，或者让他们给你提出一些具体的建议。

5. 把这些建议记录下来，有意识地把它们体现到自己的工作和日常生活当中，一段时间以后，你就会发现自己的行为已经在很多方面跟你的“榜样人物”比较接近了。

第六个自制力游戏
每天列张任务列表，学会给自己打分数

分数的意义在于它体现了一个标准和一种衡量行为的价值体系。对于那些正在上学的学生们来说，没有什么比分数更为重要的了，他们甚至已经达到了用分数来衡量一切的地步。当然，这种观念本身具有很大的片面性，并不值得完全提倡。事实上，现在一种非常流行的观点是：用分数来衡量一名学生的做法是非常愚蠢的。

但在克服拖延方面，给自己打分数的方法无疑具有一定的借鉴意义。具体的做法如下：

1. 为自己准备一本工作日志。

2. 每天早上到办公室之后，拿出工作日志，详细列出自己一天的工作内容，记住要给自己留出一定的时间处理琐事，同时要为复杂的工作留出大部分的时间。

3. 根据任务的重要，在每件任务的后面列出相对的分值（这种做法可以保证你不至于遗漏那些比较重要的工作）。

4. 每完成一项工作之后，在后面打上相对的分数。

5. 在一天的工作结束之后，你可以统计一下最后的分数，以此来衡量自己每天的工作状况。

第七个自制力游戏　学会假设

在很多情况下，只要能够适当地做一些假设，并努力在自己的大脑中经常问自己这几个问题，你就可以很快改掉拖延的毛病了：

1. 如果我不做这件事，会有什么结果？

2. 如果我明天再做这件事，会有什么结果？

3. 如果我请人帮我一起做这件事，会有什么结果？

4. 我还有什么其他方法可以做这件事？

5. 谁最擅长做这样的工作？我该怎样向他请教？

6. 我需要做哪些准备工作？

7.（对于那些担任管理工作的人来说，我建议你们在把问题分解之后，再问自己一个问题）在我的团队当中，谁最擅长完成每一件工作？

第七个自制力游戏 学会假设

[illegible]

1.如果[illegible]这件事，会有什么结果？

2.如果[illegible]这件事，会有什么后果？

3.[illegible]

4.[illegible]

5.[illegible]

6.[illegible]

7.[illegible]

第四章

世界上最伟大的杀虫剂

有条不紊地做事能让我们的生活更加整洁舒适，在配制完这剂世界上最伟大的杀虫剂之后，你就可以尽情享受一种全新的生活啦！当然，作为本书作者，我强烈建议你与其他人一起分享书中的秘诀！

享受整洁的生活吧！

准备好了，你的工作和生活即将迎来无数新的变化。一旦掌握了本书中所谈到的这些技巧，你就会彻底告别拖延的习惯，你的工作和生活都将焕然一新：一切都将变得井井有条，你会在适当的时间做出适当的决定，并在适当的时间内把你的决定付诸执行！

你会拥有更加健康的身体。无须别人督促，每当身体出现任何不适的时候，你就会主动走到医院接受检查；每到周末的时候，你就会早早地起床，跑到户外锻炼一下身体——而且你丝毫不会感到自己受到了强迫。

你会拥有更加健康的心态。你对整个世界的看法都将发生改变，生活不再是一系列恼人的事件，你会发现自己在工作和生活当中都变得更加主动，更加有热情。

你会拥有更加积极的工作态度。你的同事会把你当成工作的榜样，纷纷向你讨教让工作变得更高效的方法，你渴望每一天工作的开始，星期一也不再是烦恼的代名词。

你会拥有更加温馨的家庭。家人之间的关系将更加和睦，你再也不会向自己的孩子或爱人做出自己无法兑现的承诺，亲人们之间会更加乐意帮助彼此，相互依靠，家里每一天都会充满欢乐。

你会拥有更加稳固的友谊。你的朋友们将会把你看成可以信赖的人，他们会更加珍视与你的友谊，会更多地与你分享欢乐，并在必要的时候向你伸出援助之手。

你会拥有更加相互支持的工作环境。在你的带动之下，整个团队的工作效率也会大大提高，每个人似乎都已经成为了公司的得力干将。除了受到同事的赞誉之外，你还会进一步得到上司的信任，你会发现，原来办公室也可以像家一样舒适。

你会拥有更加丰富的人生。你将张开双臂迎接每一天的到来，各式各样的困难虽然不会完全消失，但你会发现自己已经对生活有了更多的控制权。你不再觉得自己对今后的生活无能为力，相反，你将会充满自信，对所有的坎坷与挫折处之泰然，因为你相信，自己一定能够渡过眼前的难关！

一旦拥有了它，就不要轻易放弃

据说人们之所以会把习惯称为“惯”，其原因就在于它确实有很大的惯性。克服一种坏习惯并不容易，可是要恢复一种坏习惯却可以丝毫不费吹灰之力。

中国有句谚语，“江山易改，本性难移”，西方也有句民谚，“习惯就像爱尔兰的雨，经常会毫无征兆地发起突然袭击”，就连古希腊人也把“习惯”列为影响生活的四大要素之一，可见习惯的力量是多么的强大。

中国古代曾经有这么一则故事，说是有一位大将军带兵出征，结果不幸误中敌人埋伏，顿时军心大乱，将士们四散逃亡。当时有几名士兵拼死护卫将军，有人甚至跟将军交换战袍，希望以此掩护大将军度过危险。可是这一招并没有蒙混成功，对方士兵一眼就看出了一身普通兵卒打扮的大将军。怎么回事呢？

原来，早在开战之前，敌方所有的兵卒都知道了这位大将军有扭动脖子的习惯，虽然自己手下曾经告诫过自己，可是即使到了事关身家性命的危急关头，这位将军还是在不经意间扭了扭自己的脖子。

一旦克服了拖延的习惯，你就要学会持之以恒，时刻警戒自己不要恢复到以前的状态。这很可能是一个极其痛苦的过程。

你将面对旧习惯的诱惑，每当遇到困难的时候，如果不去有意识地强迫自己的话，你就很可能会折回到以前的旧路，比如说你会告诉自己，“放一放吧！反正也不是那么着急”，或者“虽然这件事情也很重要，可是我觉得还是应该先做其他的”。

每次出现这种情况的时候，我建议你立即拿出这本书，想想自己以前的生活，问自己一个问题，“我还愿意出现那样的情况吗？”如果答案是“不”的话，你可以再问自己一个问题，“那我现在应该怎么办呢？”

“魔鬼存在于细节之中”，在很多情况下，成功与失败的差别并不是意识或策略的差异造成的，关键在于平时的坚持和关键时刻的一个小小的心理变化。

帮助别人配制杀虫剂

我的一位朋友曾经不止一次地跟我讲述他在一家咨询公司工作的痛苦经历。由于性格比较温和，而且也乐于助人，每当同事们拜托他什么事情的时候，他总是一口承揽下来。

可是过了一段时间之后，他发现找自己帮忙的人越来越多，他每天都为此而筋疲力尽。不仅如此，他有时甚至会因为帮助别人而耽误自己的工作。

“为什么他们总是有那么多工作没有完成呢？”每到这个时候，这位朋友总是慨叹，过了大约半年之后，他终于因为无法忍受这种情况而辞职了。

当然，有些读者可能会认为这位朋友的问题在于他不懂得拒绝，确实如此，如果这位朋友能够果断地拒绝那些不合理的请求的话，结果可能完全是另一个样子。

问题是，拒绝提供帮助并非改变别人的最有效的方法。相比之下，如果你能够把自己在本书中学到的经验与别人共同分享，从而帮助自己周围的人提高自己的工作效率，那对整个团队的意义也就大得多了。

别人分享经验是一件很快乐的事情。从心理学的角度来说，如果一个人的工作或行为方式能够得到周围人的认可甚至是模仿，这个人往往能够获得更大的满足感和成就感。

这就跟总是有很多人喜欢当明星的心态是一个道理。作为一个明星人物，除了他们能够享受更高的物质待遇，获得更多人的关注之外，他们的行为还很容易成为时尚潮流，甚至成为某段时间或某些人群当中的行为规范。

你也可以做到

正如我们在本书当中反复阐述的那样，无论处在怎样的环境当中，无论你是在办公室，在学校，在工厂，还是在工地，只有你一个人变得高效显然是不够的，你还需要带动周围的人，而且是越多越好！